普通高等教育"十三五"规划教材

3ds Max & V-Ray
环境艺术创新设计技法
——计算机辅助设计

李 强 主编

U0381649

化学工业出版社

·北京·

《3ds Max & V-Ray 环境艺术创新设计技法——计算机辅助设计》遵循由浅入深的原则，讲解了 3ds Max 软件的基础操作，并对各种建模技术，模型编辑技术，材质、贴图、摄影机、灯光的设置以及时下较流行的 V-Ray 渲染器进行了详尽讲解，还介绍了一些独特的创作技巧，读者借此能够更加全面、深入、系统地掌握 3ds Max 软件和 V-Ray 渲染器的核心技术，以创造出独特环境艺术作品。另外，《3ds Max & V-Ray 环境艺术创新设计技法——计算机辅助设计》还讲解了数个典型的家具设计、室内外效果图制作实例，读者可借此回顾和梳理所学理论及技术知识，掌握室内外效果图和景观效果图的设计与表现技巧。

　　随书电子课件（免费下载网址：www.cipedu.com.cn）附送了《3ds Max & V-Ray 环境艺术创新设计技法——计算机辅助设计》所有讲解过程中用到的素材、效果文件和一些常用模型资料。《3ds Max & V-Ray 环境艺术创新设计技法——计算机辅助设计》可作为高等院校艺术设计、景观设计、建筑设计、影视动漫设计等相关专业教材，也可作为高职高专院校及相关培训机构的教材和教学参考书。本书不仅适合 3ds Max 初学者使用，也非常适合希望快速提高影视动漫设计、工业产品造型设计、室内设计、景观设计及建筑设计水平的设计人员阅读。

图书在版编目（CIP）数据

3ds Max & V-Ray 环境艺术创新设计技法：计算机辅助设计 / 李强主编. —北京：化学工业出版社，2018.6
普通高等教育"十三五"规划教材
ISBN 978-7-122-31876-3

Ⅰ．①3… Ⅱ．①李… Ⅲ．①环境设计—计算机辅助设计—三维动画软件—高等学校—教材 Ⅳ．①TU-856

中国版本图书馆 CIP 数据核字（2018）第 065336 号

责任编辑：尤彩霞　　　　　　　　　　　装帧设计：关　飞
责任校对：王素芹

出版发行：化学工业出版社（北京市东城区青年湖南街 13 号　邮政编码 100011）
印　　装：北京东方宝隆印刷有限公司
710mm×1000mm　1/16　印张 9½ 字数 250 千字　2018 年 7 月北京第 1 版第 1 次印刷

购书咨询：010-64518888（传真：010-64519686）　售后服务：010-64518899
网　　址：http://www.cip.com.cn
凡购买本书，如有缺损质量问题，本社销售中心负责调换。

定　　价：49.00 元

本书编写人员

主　　编　　李　强
参编人员　　郭夏楠
　　　　　　李鉴秋
　　　　　　林　昌
　　　　　　刘　涵

前言
Foreword

　　设计是把一种计划、规划、设想通过视觉的形式传达出来的活动。人类通过劳动改造世界、创造文明、创造物质和精神财富，而最基础、最主要的创造活动即是造物。设计是造物活动预先进行的计划，可以把任何造物活动的计划技术和计划过程理解为设计。设计与我们的生活和社会发展息息相关。

　　随着计算机技术的不断发展，在设计创作的过程中，计算机已经成为设计师手中最有效、最快捷的设计工具，可以帮助设计人员担负计算、信息存储和制图等工作。在设计中通常要用计算机对不同方案进行绘制、分析和比较，以确定最优方案；设计人员通常用草图开始设计，将草图变为工作图的任务可以交给计算机完成；还可以利用计算机进行图形的编辑、放大、缩小、平移和旋转等工作。

　　在室内设计、家具设计和建筑设计等方面，3ds Max 已经成为常用的软件之一。它具有齐全的建模工具、种类繁多的修改工具及大量的应用插件，可以渲染出逼真的效果，可以方便地编辑、修改和绘制图形，拓宽设计表现方式，加快设计速度。

　　3ds Max 是目前应用最广泛的设计软件之一。《3ds Max & V-Ray 环境艺术创新设计技法——计算机辅助设计》以中文版 3ds Max 2012 软件为蓝本，以常用的知识要点为线索，引导学习者进入 3ds Max 的虚拟世界，介绍各种建模方法、材质与贴图方式、灯光与环境设置、V-Ray 室内设计创作技术。

　　本书针对性较强，根据 3ds Max 基础知识点，配以典型实例，深入浅出地讲解了软件应用的要点，旨在帮助学习者掌握所学内容，将所学知识应用到实践之中。

　　本书从实际教学要求出发，以精彩、典型的范例，丰富的内容，循序渐进的教学方式，对 3ds Max 2012 的功能进行了直观而生动的介绍和讲解，分别以各种室内空间类型为基础案例，讲解了 3ds Max & V-Ray 的建模方法与技巧、不同的室内建模、材质制作、灯光效果、渲染设置与测试，最终渲染出图。希望通过本书的学习，学习者在学会、掌握并熟练地应用 3ds Max 的基础上，能够独立进行相关设计。

　　本书以室内外效果图制作实例为先导，系统地介绍了室内外效果图制作的基本方法与步骤。其内容涉及各种室内装修，包括 CAD 平面布置图的导入、会议室、客厅、酒店大堂、酒吧等效果图的制作方法、步骤以及完成室内效果图场景的 V-Ray 设置。为了便于学习，编者在每章的前面都列出了本章应该掌握的知识点，使学习者在阅读主要内容前大致了解本章要学习的重点。另外，在范例制作过程中遇到需要特别注意或难以掌握且容易出错的地方，书中用醒目的标志进行了提醒。在编写过程中，力求操作步骤的详尽，避免出现人为的漏步和跳步，内容和版式上做到了通俗易懂、图文并茂。在学完本书后，学习者可以对3ds Max & V-Ray 系统有一个比较全面的了解，独立完成制作出有一定水准的室内外效果图。

本书共分为 8 章，第 1 章介绍 3ds Max 的基础知识；第 2 章介绍基本应用建模；第 3 章介绍椅子的制作；第 4 章介绍创新环境艺术设计；第 5 章介绍会议室效果图的制作；第 6 章介绍客厅效果图的制作；第 7 章介绍酒店大堂效果图的制作；第 8 章介绍某酒吧门头效果图的制作。全书文字简洁、流畅，结构合理，图文并茂。配套电子课件中的内容包括与本书配套练习需要的场景文件、贴图，还有每个实例最后的完成效果，相信对学习者将有所帮助。

由于编者水平有限，加之时间仓促，书中难免存在疏漏之处，欢迎广大读者批评指正。

编者

2018 年 5 月

目录
Contents

第❶章

3ds Max 基础

本章知识点：

- 3ds Max 的应用领域和学习要点。
- 3ds Max 各个界面窗口的含义。
- 3ds Max 2012 的基础操作方法。

学习目标：

- 了解 3ds Max 的基础知识。
- 掌握 3ds Max 2012 界面的使用方法及参数的含义。
- 掌握 3ds Max 2012 的基础操作。

1.1 3ds Max 概述

1.1.1 3ds Max 简介

　　3ds Max 是由美国 AutoDesk 公司的子公司 Discreet 推出的，是面向 PC 机的中型三维动画制作软件，命令简单易懂，便于学习掌握。

　　3ds Max 系列软件可以运行于 Windows 2000、Windows NT、Windows XP、Windows Vista、Windows 7、Windows 10 等多种操作平台，拥有强大的建模、动画、材质和渲染功能，同时对硬件的要求也比较高。3ds Max 软件内部采用按钮化设计，所有的命令都可以通过按钮命令来完成，能够满足制作高质量动画、电影特效、电脑游戏、设计效果等领域的需要。

　　3ds Max 经过了多个版本的发展历程，其图形制作功能几乎已和图形工作站没有差异。除此之外，3ds Max 还具有操作简便、易学易用、教材丰富以及丰富的外挂插件等优势。在国内，3ds Max 目前的用户人数已大大超过了其他三维设计软件。

1.1.2 3ds Max 应用领域

　　3ds Max 广泛应用于三维动画、机械制造、建筑和室内设计、环境艺术等领域。特别是在室内设计和三维动画中表现得尤为突出。环境艺术设计是目前规模相当巨大且极具发展潜力的行业。在进行施工之前，可以先通过 3ds Max 进行真实场景的模拟，并且渲染出多角度的效果图，以观察竣工后的效果，甚至在未动工之前就可以制作出竣工后的效果展示片。如果效果不理想，可以在施工之前改变方案；特别是现在可以和 3d 打印技术无缝切合，可以直接产生产品或模型，从而节约了大量的时间与资金。

作为 PC 平台上较优秀的三维动画制作软件之一，3ds Max 自推出以来就一直在三维动画领域占据着重要的位置，并已逐渐成为 PC 机三维动画制作软件的主流。3ds Max 的功能强大，内置工具十分丰富，外置接口也很多，它的内部采用按钮化设计，一切命令都可通过按钮命令来实现。3ds Max 的算法较先进，所带来的质感和图形工作站几乎没有差异：它以 64 位进行运算，可存储 32 位真彩图像。3ds Max 一经推出，其强大功能立即使它成为制作 PC 效果图和三维动画的首选软件。它是通用性极强的三维造型、动画制作软件，该软件功能非常全面，可以完成从建模、渲染到动画的全部制作任务，因而被广泛运用于各个领域。3ds Max 可使用户极为轻松地制作动画。实时的可视反馈让使用者有最大限度的直观感受，编辑堆栈可方便自由地返回创作的任何一步，随时修改。利用该软件，使用者可以预视所做的所有工作，按下动画按钮，对象便可以随着时间的改变而形成动画；建立影视和三维效果的融合；应用摄像机和真实的场景相匹配；修改场景中的任意组件。

3ds Max 最大的特点是开放性好，外挂插件众多，全世界有许多专业技术公司在为 3ds Max 设计各种插件，其专业高效的外挂插件多达数千个。拥有了这些插件，就可以利用 3ds Max & V-Ray 轻松地制作出各种惊人的效果。

1.1.3 3ds Max 学习要点

3ds Max 是较大的应用类软件，很多初学者在刚接触时会在繁多的菜单命令、工具按钮和参数设置面前不知所措，无从下手。学习要循序渐进，不要急于了解软件所有的菜单命令、工具等软件设置的用途和应用方法，应先了解该软件在室内表现图中的常用命令和工具，了解有代表性的主要参数的设置，然后再根据练习中遇到的实际问题不断补充知识、扩展学习范围。

1.1.4 学习 3ds Max 必须掌握的内容

要想学好 3ds Max 软件，还必须掌握以下几个方面的内容。

① 三维空间能力的锻炼，熟练掌握视图、坐标与物体的位置关系

应该要做到一眼就可以判断物体的空间位置关系，可以随心所欲地控制物体的位置，这是使用者要掌握的最基本的技能。如果掌握不好，后面的所有内容都会受到影响。如果不具有设计基础和空间识别能力，只要有科学的学习方法，也可以很快地掌握。这是课程培训的第一步，一般人学习一天就可以掌握。

② 掌握基本的操作命令

像选择、移动、旋转、缩放、镜像、对齐、阵列、视图工具，这些命令是最常用也是最基本的，几乎所有制作都能用到。在熟悉了几个常用的三维和二维几何体的创建及参数后，就掌握了 3ds Max 的基本操作命令。

③ 二维图形的编辑

这是非常重要的一部分内容，很多三维物体的生成和效果都取决于二维图形，主要是用【编辑样条曲线】来实现的。

④ 几个常用必备的编辑命令

掌握了像拉伸、斜切、旋转、编辑样条曲线、弯曲、编辑多边形等几个这样的命令，其他的就都可以完全自行学习了。

⑤ 材质、灯光方面

材质、灯光是不可分割的，材质效果是靠灯光来体现的，材质也会影响灯光效果表现。材质、灯光是效果图的灵魂，也是效果图制作的一个难点。如何运用好材质和灯光，大概有以下几个途径和方法：

a. 掌握常用的材质参数、贴图的原理和应用；

b. 熟悉灯光的参数与材质效果的关系；

c. 灯光、材质效果的表现主要是物理方面的体现，应对材质的物理知识有所认识；

d. 要想掌握好材质、灯光效果的控制，除了以上几方面，艺术修养也是很重要的，也是突破境界的一个瓶颈。这就需要学习者不断加强美术方面的修养，多注意观察实际生活，加强色彩方面的知识等。

e. 渲染。渲染是制作效果图很重要的一部分，现在制作室内外效果图大部分都使用 V-Ray 渲染器进行渲染，所以学好怎样运用 V-Ray 渲染器是很重要的一个部分。

用户界面是用户与 3ds Max 沟通的桥梁。用户通过对界面的操作，向 3ds Max 发出命令、设置参数、控制视图、制作动画等。

1.2 3ds Max 2012 界面

双击桌面上的 3ds Max 2012 图标，即可启动应用程序，进入 3ds Max 2012 主界面。其工作界面由标题栏、工具栏、菜单栏、视图工作区、命令面板区、视图控制区、动画控制区、状态显示与提示区等几部分组成，图 1.1 所示。

由于原始的软件界面是深灰色的不太好看，可以按照自己所习惯的界面，进行界面设置。一般而言，3ds Max 2012 的界面是较受欢迎的，现介绍一下如何定制自己喜欢的界面。

环境艺术创新设计技法——计算机辅助设计

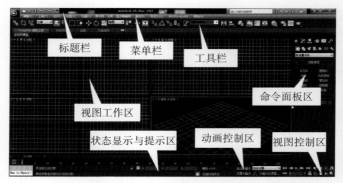

图 1.1　3ds Max 工作界面

　　① 双击桌面上的 🅖 按钮，快速启初 3ds Max 2012 中文版。

　　② 单击菜单栏中的【自定义】/【加载自定义用户界面方案】命令，在弹出的【加载自定义用户界面方案】对话框中选择 3ds Max 安装路径下的【ui】文件夹，选择【3ds Max 2012.ui】选项，单击打开按钮，如图 1.2 所示。

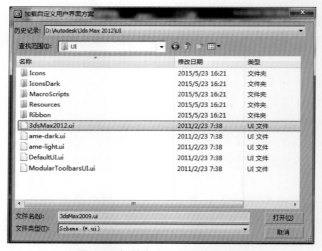

图 1.2　加载自定义用户界面方案

　　此时，3ds Max 系统即为【3ds Max 2012.ui】系统界面。如图 1.3 所示。

　　图 1.3【用户界面方案】列表中提供了 5 种界面，需要注意的是，当选择了新的界面以后，必须重新启动 3ds Max 2012 系统，才能生效。

1.2.1　界面颜色的设置

　　系统默认的灰色界面颜色太浅，在制作 3ds Max 场景的过程中，有时会看不清楚，这样势必会影响作图的准确率及作图者的心情。3ds Max 为用户提供了灵活定制界面颜色的菜单。详细操作过程如下。

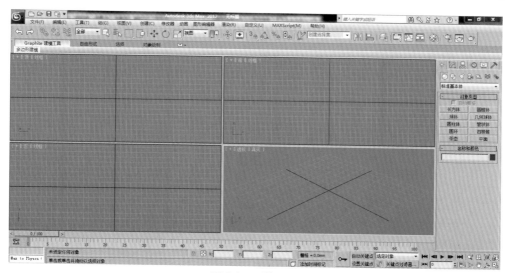

图 1.3　系统界面

① 单击菜单栏中的【自定义】/【自定义用户界面】命令，此时弹出【自定义用户界面】对话框。

② 在【自定义用户界面】对话框中，选择【颜色】选项卡，再在【元素】下拉列表中选中【视口】选项，在下面的列表中选择【视口背景】项，然后单击右边的颜色块，设置好自己喜欢的颜色，再单击右下角的【立即应用颜色】按钮既可改变界面颜色。

③ 应用后，界面颜色效果如图 1.4 所示。

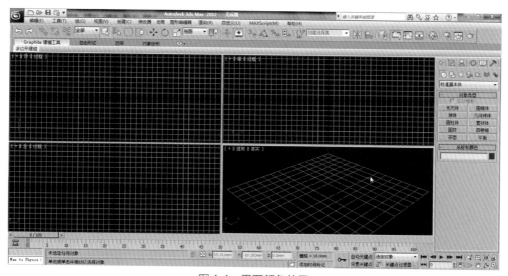

图 1.4　界面颜色效果

由工作画面上显示 ViewCube 的去除方法看到，每个画面的右上角，都有一个转换视角的小图标，如图 1.5 所示。如果不小心点到，可能会造成混乱，可以把它去除；方法是在小图标的中间单击右键，弹出的对话框选择如图 1.6 所示。在弹出的对话框中把【显示 ViewCube】前面的勾选去掉，单击【确定】即可。如图 1.7 所示。

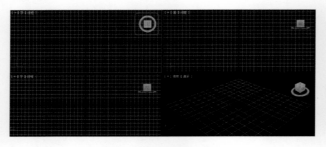

图 1.5　转换视角的图标

图 1.6　对话框选择

图 1.7　视口配置对话框

1.2.2　视图工作区

视图工作区是 3ds Max 界面中面积最大的区域，也是进行三维创作时使用最多的区域。几乎所有的操作，包括建模、赋材质、设置灯光等工作都要在此完成。默认情况下包括"顶视图""前视图""左视图"和"透视图"4 个视图。4 个视图可根据实际情况改变，可用快捷键改变，也可在视图中改变。

视图工作区的布局可以很方便地进行切换，其方法有如下几种。

① 将鼠标移至右上角视图区，单击视图区域。此时选择的视图被黄色外框包围，表示已激活当前图，如图 1.8 所示。

② 按 T 键，当前视图切换回顶视图。

③ 按 L 键，当前视图切换为左视图。

④ 按 P 键，当前视图切换回透视图。

另外，在每个当前视图的左上角的名称上单击鼠标右键，将弹出快捷菜单，可以把当前视图进行换，如图 1.9 所示。

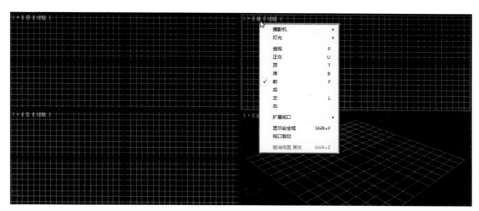

图 1.8　前视图被激活

1.2.3　标题栏

标题栏位于 3ds Max 2012 界面的最顶部，它显示了当前场景文件的文件名、工程目录、软件版本等基本信息。位于标题栏最左边的是 3ds Max 2012 的程序图标，单击它可打开一个图标菜单，其右侧分别是快速访问工具栏、软件名和文件名、信息中心，标题栏的最右边是 Windows 的 3 个基本控制按钮：最小化、最大化、关闭。标题栏如图 1.10 所示。

图 1.9　快捷菜单

图 1.10　标题栏

1.2.4　菜单栏

3ds Max 2012 标题栏下面一行是菜单栏，每个命令都有下拉式菜单。当单击某一菜单命令时，在弹出的子菜单中可进一步选择具体命令。菜单栏如图 1.11 所示。

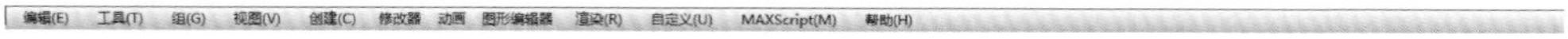

图 1.11　菜单栏

1.2.5　主工具栏

在菜单栏下面是 3ds Max 的主工具栏，呈横向排列，可用手形鼠标横向移动。工具栏是菜单功能图形化、按钮化的表现。主工具栏是最常用的工具栏，如图 1.12 所示。

图 1.12　主工具栏

在主工具栏中包括选择类工具按钮、选择与操作类工具按钮、选择集锁定工具按钮、坐标类工具按钮、着色类工具按钮、连接关联类工具按钮和其他一些诸如对齐等工具按钮。每个按钮的功能可以在通过移动鼠标到此按钮上稍作停留后界面浮现的注释框中查看。

1.2.6　命令面板区

工作界面右侧是经常用到的命令面板区。在命令面板区顶部有 6 个图标，这些图标从左至右分别为创建、修改、层次、运动、显示和工具命令面板。命令面板区可以说是 3ds Max 2012 中功能最为强大、最重要的区域，如图 1.13 所示。

在其中有以下操作命令。

创建面板：该命令面板用于创建基本物体；

修改面板：该命令面板用于存取和改变选定物体的参数。可以使用不同的修改器，也可访问修改器堆栈；

层次面板：该命令面板可创建反向运动和产生动画几何体的层级；

运动面板：该命令面板可以将一些参数或轨迹运动控制器赋给一个物体，也可将一个物体的运动路径变为样条曲线或将样条曲线变为一个路径；

显示面板：该命令面板可以控制 3ds Max 的任意物体的显示，包括隐藏、消除隐藏和优化显示等；

工具面板：该命令面板可以访问几个实用程序。

命令面板包含多个卷展栏，可进行当前操作中各种有关参数的设定。卷展栏左侧带有"＋"或"－"号。"＋"号表示此卷展栏控制的命令已经关闭，单击"＋"号可将该卷展栏展开；相反，"－"号表示此卷展栏控制的命令是展开的，单击"－"号可将其收拢关闭。如果分辨率不够，显示屏将无法显示所有卷展栏的信息，此时鼠标在命令面板滑块附近的区域将呈现手形图标，可以按住鼠标左键上下移动命令面板到相应的位置以选择相应的命令按钮、编辑参数，进行各种设定等。

图 1.13　命令面板

1.2.7　动画控制区

动画控制区位于用户界面的底部，包括动画时间滑块、关键帧设置按钮和动画播放控件，如图 1.14 所示。

动画时间滑块可以标识动画的开始帧和结束帧，默认从 0 帧开始到 100 帧结束，如图 1.15 所示。将滑块固定在某一位置，按下动画按钮，变换场景中的对象，该变

图 1.14　动画控制区

换就被记录下来了，当前位置也就变成了关键帧，空白栏中也会出现标识，类似于动画软件 Flash 中关键帧的使用。

图 1.15　动画时间滑块图

1.2.8　视图控制区

视图控制区位于工作界面的右下角，它的工具随当前视图的不同而不同。视图导航是通过变换视图使工作时的观察角度达到最佳。一般来说，视图导航分为 3 种：旋转、缩放和平移。熟练使用这些导航工具是进行三维创作的基础。视图控制区如图 1.16 所示。

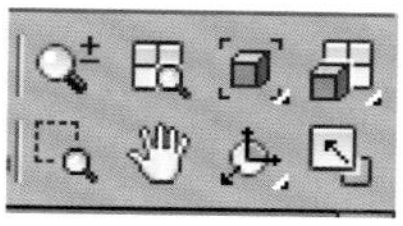

图 1.16　视图控制区

缩放：放大或缩小当前视图，包括透视图。

缩放所有视图：放大或缩小所有视图区的视图。

最大化显示：缩放当前视图到场景范围之内。

所有视图最大化显示：全视图缩放，应用于所有视图。

缩放区域：在视图中框选一个区域，缩放该区域。

平移视图：控制视图平移。

弧形旋转：以当前视图为中心，在三维方向旋转视图，常对透视图使用此命令。

最大化视图切换：当前视图最大化和恢复原貌的切换开关。

1.2.9　状态显示与提示区

状态栏位于视图区的下部偏右。状态栏包括状态行和提示行。状态行显示了所选择对象的数目、对象的锁定状态、当前鼠标的坐标位置、当前使用的栅格距等。提示行显示了当前使用工具的文字提示，如图 1.17 所示。

图 1.17　状态栏

思考与练习

1. 3ds Max 主要用在哪些领域？
2. 3ds Max 的主要工作界面包括哪些？

第2章

基本应用建模

本章知识点：

● 标准模型的创建方法及参数的含义。
● 3ds Max 中的几种常用建模方法。
● 修改器的使用。

学习目标：

● 掌握二维样条线的创建和编辑方法，掌握模型的修改方法。
● 熟悉并掌握放样建模的工具和复合建模的方法。

2.1　二维样条线的创建与编辑

在 3ds Max 中，样条线是二维造型的基础，而二维造型又是放样建模等建模方法的基础。本节介绍环境艺术表现图建模常用的二维样条线的绘制、编辑及二维造型制作方法。

2.1.1　创建样条线

3ds Max 共提供了 11 种类型的基本样条线，利用这些样条线可以制作出各种不同形状的二维模型。

（1）样条线的作用

在 3ds Max 中样条线主要有以下 3 个方面的作用。

① 直接将样条线转换为网格物体，用于制作文字图案或地面贴图，或直接创建模型。

② 为修改命令面板中的挤压、旋转、倒角等修改器充当截面图形，把一个截面旋转成一个轴对称的三维模型，比如制作圆形物体、柱础等。

③ 在放样功能中充当路径或截面图形。

（2）创建样条线的方法

在 3ds Max 中创建样条线有如下方法。

① 在命令面板中单击"创建" 下面的"图形" 按钮，然后在"创建对

象类型"下拉列表框中选择"样条线"。"对象类型"卷展栏中共提供了 11 种类型的样条线工具，如图 2.1 所示。

② 在"对象类型"卷展栏中单击一个工具按钮后，在视图中单击鼠标左键，在视图中拖动鼠标就可以创建样条线，其中利用"线"工具可以自由绘制所需的样条线曲线，按住 Shift 键可画出直线。

③ 在"对象类型"卷展栏的上方有一个"开始新图形"复选框，默认状态下该复选框是被选中的。当此复选框被选中时，创建的样条线都将作为独立的物体存在。如果取消此复选框的勾选，那么创建的所有样条线都将作为一个物体出现。创建样条线后可进入"修改"命令面板，通过修改创建参数就可以改变样条线的尺寸和形状等属性。虽然根据样条线类型的不同，修改参数也有一些差别，但是像"对象颜色""渲染""插值""创建方法""键盘输入"等卷展栏是所有基本样条线共有的参数，如图 2.2 ～图 2.4 所示。

图 2.1　11 种类型的样条线工具

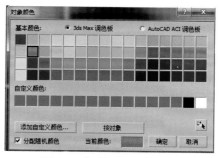

图 2.2　"对象颜色"对话框

图 2.3　"渲染"卷展栏

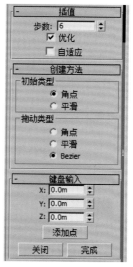

图 2.4　"插值""创建方法"和"键盘输入"卷展栏

2.1.2 编辑样条线

在编辑样条线之前，需要将其转变为可编辑样条线，可以采用三种方法将其转变：第一，在场景中的图形对象上单击鼠标右键，在弹出的快捷菜单中执行"转换为" ——→ "转换为可编辑样条线"命令；第二，在修改器堆栈中单击鼠标右键，选择"转化为：可编辑样条线"命令将样条线曲线转化为可编辑样条线；第三，给线条添加"编辑样条线"修改器，即在"修改"命令面板中选择"编辑样条线"。如图2.5～图2.7所示。

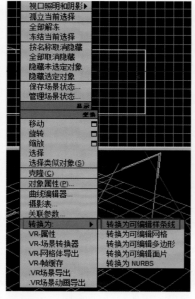 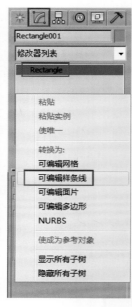 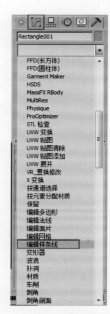

图 2.5 在场景中的图形对象上单击 鼠标右键　　图 2.6 在修改器堆栈中单击鼠标右键　　图 2.7 添加"编辑样条线"修改器

需要注意的是，一旦将基本样条线转变为可编辑样条线对象，其几何创建参数将消失，不可再更改。其中只有为图形添加编辑样条线修改器可保留图形原来的几何创建参数。添加编辑样条线修改器的方法是在视图中创建一个二维样条线，选中样条线，进入"修改"命令面板，在"修改"器列表中加入编辑样条线修改器。该修改器位于修改编辑堆栈的最上方，图形原来的创建和编辑参数仍保留在堆栈中。堆栈中的编辑样条线修改器可随时删除，并可以改变其在修改编辑堆栈中的先后位置，如图2.8所示。

（1）"渲染"卷展栏

"渲染"卷展栏如图2.9所示。

① 在渲染中启用：选中此复选框后，在渲染时会显示出样条线。

② 在视口中启用：选中此复选框后可以在视图中显示出样条线的厚度、边

数和角度，并且可以实时更新参数修改后的结果。

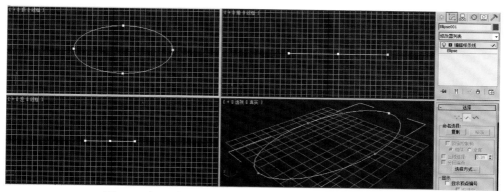

图2.8　加入"编辑样条线"修改器后的样条线及参数设置

③ 使用视口设置：根据视口的设置，在视图中将可渲染的样条线显示为网格对象。

④ 生成贴图坐标：选中此复选框后可以为样条线自动指定贴图坐标，默认的贴图坐标指定沿周长方向是 U 轴向、沿路径方向是 V 轴向。

⑤ 视口：选择此单选按钮后可以通过厚度、边数和角度这 3 个参数设置样条线在视图中的显示属性。

⑥ 渲染：通过厚度、边数和角度参数，设置样条线在渲染时的属性。

⑦ 厚度：设置样条线的厚度，即剖面直径。

⑧ 边：设置可渲染样条线的边数。比如将其设为"4"，渲染时将得到一个正方形的剖面。边数越多则样条线在横截面方向上就越光滑。

⑨ 角度：设置样条线横截面沿路径轴的旋转角度。

（2）"插值"卷展栏

"插值"卷展栏用于指定样条线曲线的生成方式，如图 2.10 所示。

① 步数：设置样条线上相邻两个顶点之间的步幅值，用来控制曲线的光滑程度，取值范围为 0 ～ 100，数值越高曲线就越光滑，而且这个参数会直接影响加入修改器后的效果。

② 优化：自动消除样条线上多余的步幅设置，选择此项后可以得到比较精简的样条线，默认是已选择的。

③ 自适应：选中此复选框后可以根据样条线曲度的大小自动设置步幅数；取消此选项可自定义步幅。

（3）"选择"卷展栏

在"选择"卷展栏中可以进行选择修改编辑的对象、设置复制等操作，如图 2.11 所示。

顶点：进入顶点次物体级，以顶点为最小单位对样条线进行编辑。编辑顶点的层级时，在视图中选中的顶点上单击鼠标右键，可以在弹出的快捷菜单中设置样条线顶点的不同平滑属性，如图 2.12 所示。

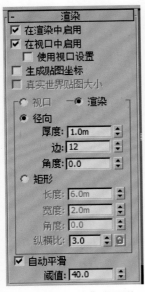

图 2.9 "渲染"卷展栏

图 2.10 "插值"卷展栏

图 2.11 "选择"卷展栏

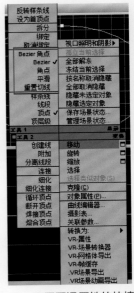

图 2.12 不同平滑属性的快捷菜单

在图 2.12 中，Bezier（贝兹尔）角点：选中后在顶点上方会出现两个不相关联的调节杆，用于调节线段一侧的曲率。

① Bezier（贝兹尔）：选中后在顶点上方会出现调节杆，两根调节杆会锁定成一条直线并与顶点相切。顶点两侧的曲线会被切换为平滑过渡的方式，通过调整调节杆的位置可以改变线段的曲率。

② 角点：将顶点两侧的曲率设为直线，不产生任何光滑的效果。

③ 平滑：将线段切换为圆滑的曲线，顶点与线段呈相切状态。

线段：进入线段次物体级，以线段为最小单位进行编辑。

样条线：进入样条线次物体级，以样条线为最小单位进行编辑。

（4）"软选择"卷展栏

在"软选择"卷展栏中可以控制次物体级对象的选择区域并允许为选定的区域指定衰减度，如图 2.13 所示。

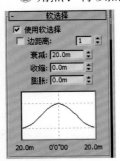

图 2.13 "软选择"卷展栏

（5）"几何体"卷展栏

在"几何体"卷展栏中可定义样条线曲线的各种复杂操作的设置，如图 2.14、图 2.15 所示。

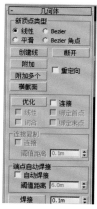

图 2.14 "几何体"卷展栏（一）

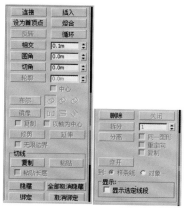

图 2.15 "几何体"卷展栏（二）

2.2 三维基本体建模

在学习了二维基本样条线的创建和编辑之后，本节将介绍三维标准基本体和三维扩展基本体的创建方法。运用"标准基本体"和"扩展基本体"创建模型无疑是最方便和最简单的方法。

2.2.1 创建标准基本体

在"创建"命令面板中单击"几何体"按钮，在"标准基本体"下面的"对象类型"列表中选择，然后在"对象类型"卷展栏中单击需创建模型的按钮，在工作视图中单击、拖动以创建模型。长方体的创建如图 2.16 所示。

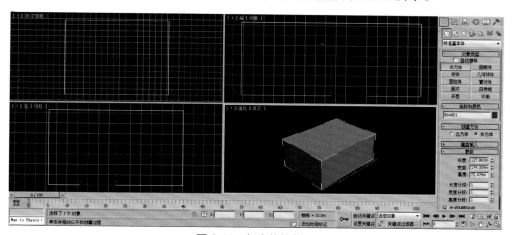

图 2.16 长方体的创建

在"创建"命令面板的"对象类型"卷展栏中共提供了 10 种标准基本体，分别为长方体、圆锥体、球体、几何球体、圆柱体、管状体、圆环、四棱锥、茶壶和平面。学习者可以根据本节讲解的长方体的制作方法来练习其他各种三维基本几何体的创建方法。每种基本几何体在创建时的鼠标拖动方法不尽相同，可以多练习几次。

在创建完模型后，可以在"创建"命令面板中或"修改"命令面板中修改该模型的创建参数，如在"参数"卷展栏中可以修改刚才所创建的长方体的长度、宽度等创建参数，如图 2.17 所示。

2.2.2 创建扩展基本体

创建三维扩展基本体的方法是在"创建"命令面板中单击"几何体"按钮，在"创建对象类型"下拉列表中选择"扩展基本体"，然后在"对象类型"卷展栏中单击需创建模型的按钮，在工作视图中单击、拖动以创建模型。

在"对象类型"卷展栏中共提供了 13 种扩展几何体，分别为异面体、环形结、切角长方体、切角圆柱体、油罐、胶囊、纺锤、L-Ext（L 型物体）、球棱柱、C-Ext（C 型物体）、环形波、棱柱和软管，如图 2.18 所示。

图 2.17　长方体的创建参数的修改

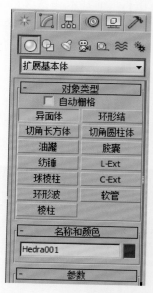

图 2.18　13 种扩展基本体

与创建三维基本标准体一样，在创建完三维扩展基本几何体后，可以在"创建"命令面板或"修改"命令面板中修改该几何体模型的创建参数。"名称和颜色""创建方法""键盘输入"和"参数"等卷展栏是所有基本体所共有的参数，如图 2.19、图 2.20 所示。

图 2.19 "名称和颜色""创建方法""键盘输入"卷展栏

图 2.20 "参数"卷展栏

2.2.3 编辑基本体

同二维样条线的编辑一样，三维基本体也可以进行修改，可以给它添加各种修改器，步骤是单击 ⃞ 按钮下的 修改器列表 ，在下拉菜单中选择各种变形修改器。三维基本体也可以进行复杂的修改，方法是先把它转化成"编辑多边形"或"编辑网格"，如图 2.21 所示。

"编辑多边形"命令通过控制各个特定层级（点、边、边界、面、多边形、元素）进行修改，如图 2.22、图 2.23 所示。

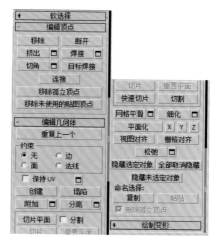

图 2.21 选择"编辑多边形"或"编辑网格"

图 2.22 修改器命令面板（一）

图 2.23 修改器命令面板（二）

2.2.4 移动、旋转和缩放对象

利用工具栏上的选择并移动工具按钮 ![icon]、选择并旋转工具按钮 ![icon] 和选择并缩放工具按钮 ![icon]，可以在视图中调整对象的位置、角度和比例。这三个工具都可以在选定后单击鼠标右键在弹出的对话框中输入数字，进行精确变换。

（1）移动工具

移动工具可以将对象按照定义的坐标轴在视图中进行移动。激活移动工具后，在视图中选择一个对象，对象上方会出现一个移动操作标志，如图 2.24 所示。将鼠标指针放置到移动操作标志任意轴的上方，就可以把移动限制在该轴向，被选中的轴会以黄色高亮的方式显示。

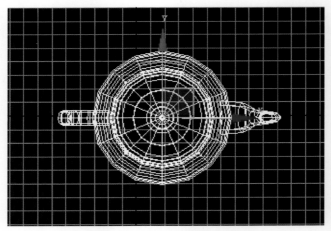

图 2.24　移动工具操作标志

将光标放置到移动操作标志中心的轴平面上，可以同时沿两个轴向对物体进行移动，如图 2.25 所示。

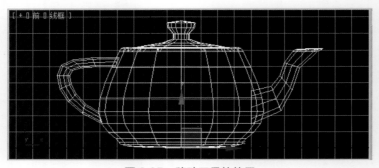

图 2.25　移动工具的使用

（2）旋转工具

旋转工具可以将对象按照定义的坐标轴在视图中进行旋转操作。激活旋转工

具后，在视图中选择一个对象，对象上方会出现旋转操作标志，如图 2.26 所示。

（3）缩放工具

缩放工具由 3 个按钮组成，分别为"均匀缩放"按钮、"非均匀缩放"按钮和"挤压"按钮。使用不同类型的缩放工具，得到的效果会有一些区别。均匀缩放工具只会改变模型体积的大小，不会改变模型的形状；非均匀缩放工具会同时改变模型的体积和形状；而挤压工具不会改变模型的体积，但形状会发生变化。

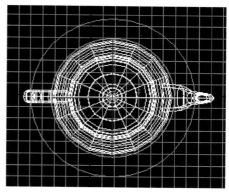

图 2.26　旋转工具的使用

将光标放置到一个单独轴向上，该轴向为黄色高亮显示，则可以沿着这个轴向对模型进行挤压缩放，如图 2.27 所示。

图 2.27　使用不同缩放后的效果

2.2.5　克隆和镜像对象

（1）克隆

克隆有两种方法：一种方法是执行"编辑"——"克隆"菜单命令在原地进行复制；另一种方法是按住 Shift 键不放，然后使用移动工具进行移动复制，

图 2.28　"克隆选项"对话框

无论使用克隆菜单命令，还是使用移动复制，都会弹出"克隆选项"对话框，如图 2.28 所示。使用移动复制的方法可以在一次操作中同时复制多个物体。

① 复制：复制一个独立的对象，复制的对象会继承原始对象的所有属性。原始对象的改变不会影响其复制对象，同时对复制对象的编辑修改也不会对原始对象产生任何影响。

② 实例：以原始对象为模板复制出关联复制对象。当原始对象进行修改编辑时其关联复制对象将进行相同的变化。同样对关联复制对象进行编辑修改时，原始对象也会发生相同的变化。

③ 参考：以单向关联方式对原始对象进行复制。改变原始对象，其参考复制对象会产生同样的变化，而参考复制对象的改变不会影响到原始对象。

④ 副本数：当配合 Shift 键复制对象时，将出现此选项以设置复制的数量。

⑤ 名称：为复制的对象重新设置名称。

（2）镜像

图 2.29 "镜像：屏幕坐标"对话框

使用工具栏上的"镜像"工具按钮，既可以沿着选定的轴向复制一个角度不同的对象，也可以只改变对象的方向而不复制对象。镜像操作的结果主要由镜像的轴向和原始对象的轴心共同决定。在工具栏上单击"镜像"工具按钮后，会弹出如图 2.29 所示的"镜像：屏幕坐标"对话框，在该对话框中可以设置镜像模型的轴向以及镜像的方式。

① 镜像轴选项组

用于设置镜像操作所依据的坐标轴向；偏移：设置镜像对象与原始对象之间的偏移距离，也就是镜像对象轴心点与原始对象轴心点之间的距离。

② 克隆当前选择选项组

a. 不克隆：只对选定的对象进行镜像操作而不生成新的复制对象。即在原位以轴镜像做出该模型而不产生新的模型。

b. 复制：生成当前选定对象的独立复制镜像对象，原始对象与其复制对象不存在任何联系。

c. 实例：以关联方式对当前选定的对象镜像并且复制。改变原始对象或复制对象，另一个也会发生同样的变化。

d. 参考：以单向关联方式复制一个镜像对象。

e. 镜像 IK 限制：选择此选项后，当使用单轴镜像对象时，对象的 IK 限制也将被一起镜像。

总之，在 3ds Max 中已经设置了很多方便、快捷的建模工具。通过对二维和三维造型的操作和对模型添加修改器等方法，可以制作出各种复杂、逼真的模型。

2.3 常用修改器建模方法

前面讲解了创建基本模型的方法，本节将介绍如何利用修改面板中的编辑修改器对基本模型进行修改，从而得到更加复杂的模型。

修改器是 3ds Max 的核心部分，3ds Max 2012 自带了大量的编辑修改器，这些编辑修改器以堆栈方式记录着所有的修改命令，每个编辑修改器都有自身的参数集合和功能。操作者可以对一个或多个模型添加编辑修改器，从而得到最终所需要的造型。修改器命令面板由上至下排列分为"名称和颜色""修改器列表""修改器堆栈"和"当前编辑修改器参数"四个区域，如图 2.30 所示。

利用二维图形来制作三维模型的建模方法是以二维图形为基础，通过挤压、车削和放样等操作生成比较复杂的三维模型，是很实用的方法。虽然利用图形创建工具也能产生很多的二维造型，但是这些造型变化不大，并不能满足用户的需要。所以通常是先创建基本二维图形，然后通过编辑样条线修改器对其进行编辑和变换，从而得到最终所需的图形。

常用的二维编辑建模方法包括"车削"建模法、"倒角"建模法、"倒角剖面"建模法、"挤出"建模法和"放样"建模法。

图 2.30　修改器命令面板

2.3.1　"车削"建模法

车削修改器是通过二维轮廓线绕一个轴旋转从而生成三维对象。对于大多数中心放射的模型，如水杯、花瓶、陶瓷、水果甚至柱础等模型都可以使用这种方法进行制作，如图 2.31 ~ 图 2.33 所示。

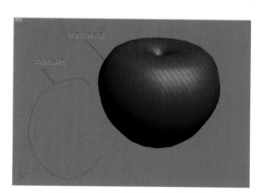

图 2.31　用车削命令制作的苹果

以花瓶制作为例，其操作步骤为：首先在视图中绘制样条线，如图 2.34 所示，然后在"修改"命令面板中添加车削修改器，如图 2.35 所示。在旋转修改器的"参数"卷展栏中可以设置模型的参数。

此例是以 Y 轴为方向，对齐为最小。同一样条线曲线按不同的方向与对齐方式可以旋转出不同的造型，这一点需要大家通过练习加以理解并熟练掌握。

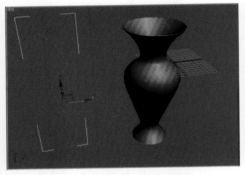

图 2.32　用车削命令制作的花瓶

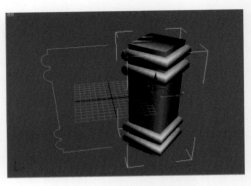

图 2.33　用车削命令制作的柱础

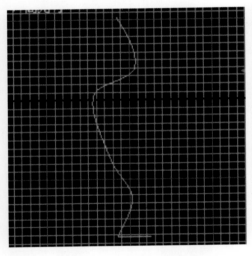

图 2.34　绘制花瓶的样条线

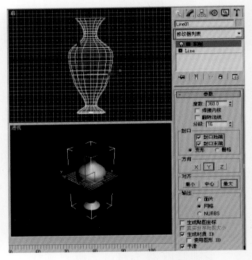

图 2.35　车削命令完成后的花瓶效果

2.3.2　"倒角"建模法

　　在边界上加入直形或圆形倒角，使之形成带有厚度和倒角的三维模型。此模型主要用于制作如三维桌面、立体文字造型等，如图 2.36、图 2.37 所示。

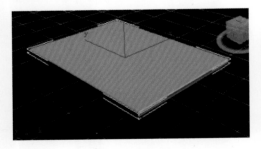

图 2.36　倒角桌面

图 2.37　倒角文字

以字体制作为例，其操作步骤为：首先在视图中创建二维字体，如图 2.38 所示，再单击"倒角"编辑修改器的"参数"卷展栏，如图 2.39 所示。

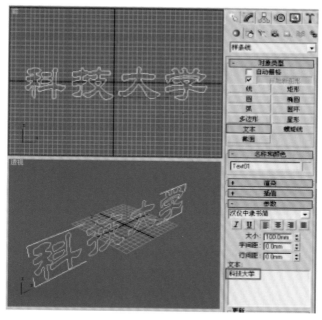

图 2.38　创建二维字体

图 2.39　添加倒角命令

在倒角修改器的"参数"卷展栏中可以设置"倒角值"参数，得到的效果如图 2.40 所示。

① 起始轮廓：设置原始样条线的外轮廓大小，如果数值为 0，将以原始样条线为基准进行倒角制作。增加数值会将原始样条线放大后进行倒角操作。

② 级别：共提供了 3 个倒角级别，可以分别在模型的两端和中间产生倒角效果。

③ 高度：设置倒角的高度。

④ 轮廓：设置倒角的轮廓大小。

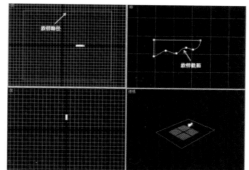

图 2.40　设置参数完成后的效果

2.3.3 "倒角剖面"建模法

"倒角剖面"修改器是一种用二维样条线来生成三维实体的重要方式。在使用这一功能之前，必须事先创建好一个类似于路径的样条线和一个截面样条线，

环境艺术创新设计技法——计算机辅助设计

然后进行建模，主要用于制作门窗套、画框、吊顶角线等造型，如图2.41所示。

以画框为例，制作步骤如下。

① 在场景中创建放样所需的两个样条线，一个作为放样截面，一个作为放样路径，如图2.42所示。

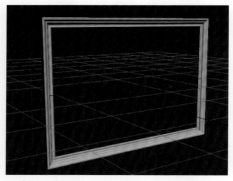
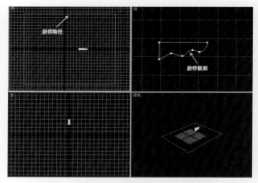

图2.41　利用倒角剖面制作的画框（一）　　　图2.42　创建完成后的放样截面和放样路径

② 选择放样路径样条线，然后在"修改"命令面选定其中一个造型单击鼠标右键，在弹出的菜板中为其添加"倒角剖面"修改器，在其下"参数"卷单上选择"转化为可编辑样条线"。展栏中选择"拾取剖面"，在视图中选择放样截面，建成画框模型，如图2.43所示。

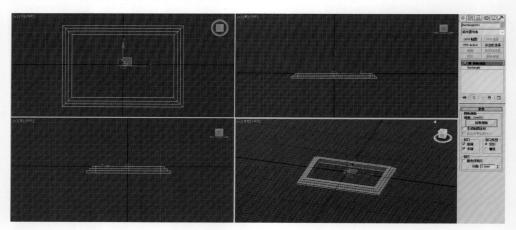

图2.43　利用倒角剖面制作的画框（二）

2.3.4 "挤出"建模法

"挤出"修改器可以为样条线增加厚度，使二维形体拉伸成为三维造型。由于它可以自动把附加结合到一起的内部封闭图形看成孔洞，常用来制作带窗口的墙壁或吊顶等造型。以吊顶造型为例，制作步骤如下。

① 在视图中绘制代表吊顶造型截面的二维样条线，如图 2.44 所示。

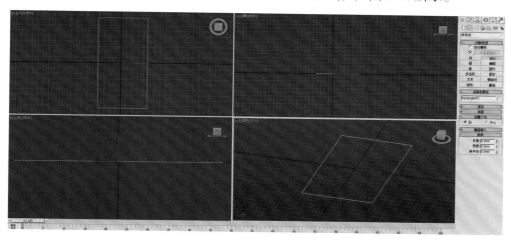

图 2.44　创建矩形二维样条线

② 在视图中已绘制代表吊顶造型截面的二维样条线框中建立圆形作为镂空造型，如图 2.45 所示。

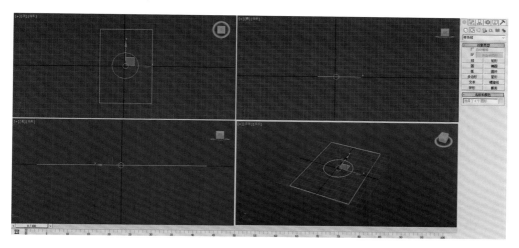

图 2.45　镂空圆形样条线

③ 选定其中一个造型单击鼠标右键，在弹出的菜单上选择"转化为可编辑样条线"，如图 2.46 所示。

④ 选择"修改"命令面板中的"附加"选项，在视图中选定另一个图形把两个图形结合到一起。

⑤ 在"修改"命令面板中为其添加"挤出"修改器，"挤出"数量为 200，如图 2.47 所示。

环境艺术创新设计技法——计算机辅助设计

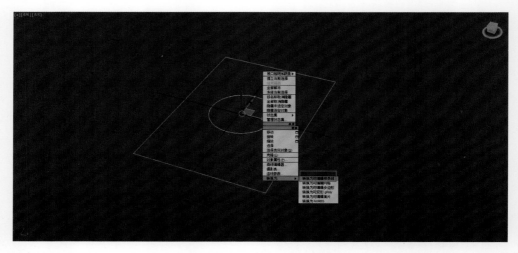

图 2.46　转化为可编辑样条线

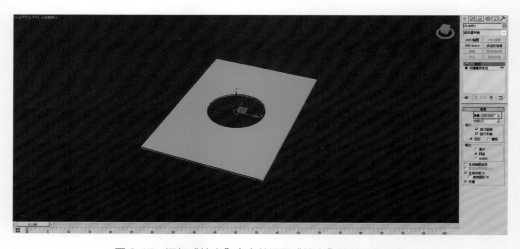

图 2.47　添加"挤出"命令并设置"挤出"数量后的效果

　　还可以通过"挤出"的参数，设置卷展栏修改模型的参数。"参数"卷展栏可以对拉伸后的模型进行参数设置，如挤压模型的数量、分段、是否加顶盖、输出类型等，如图 2.48 所示。

2.3.5　"放样"建模法

　　3ds Max 中的放样是通过建立一个放样路径，然后在路径上插入各种截面来形成三维模型的一种建模方式。在进行放样操作之前，首先要在场景中完成截面样条线和路径样条线的制作。需注意的是，截面样条线可以有多个，但是路径样条线只能有一条。放样是复合建模中的方法，同时也是以二维造型为基础，将其转化为三维模型的方法，可用来制作室内的窗帘、柱子等模型。

放样建模是比较传统的建模方式，但与众多的高级建模方法相比也是很重要的，需要熟练掌握。放样可分为下面两种来加以说明。

（1）单个截面放样

① 在场景中创建放样所需的两个样条线，一个作为放样截面，一个作为放样路径。选中放样路径后单击"创建"命令面板中的"几何体"按钮，然后在"创建对象类型"下拉列表中选择"复合对象"选项，在"对象类型"卷展栏中单击"放样"按钮，如图 2.49、图 2.50 所示。

② 在"创建方法"卷展栏中单击"获取图形"按钮，在视图中选择放样截面图形完成放样，获取截面图形如图 2.51 所示。图 2.52 是放样完成后产生的三维形体。

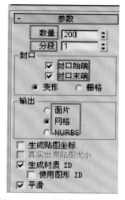

图 2.48 "参数"卷展栏

图 2.49 在"创建对象类型"下拉列表中选择"复合对象"

图 2.50 "对象类型"卷展栏中的"放样"命令

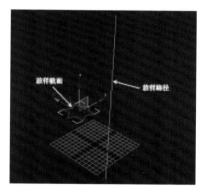

图 2.51 获取截面图形

③ 也可以先在视图中选择放样截面图形，然后单击"创建方法"卷展栏中的"获取路径"按钮，在视图中选择路径样条线完成放样。这与上一种方法得到的模型相同，只是生成模型的位置和颜色不同，如图 2.53 所示。

（2）多个截面放样

同一放样路径可以使用多个截面样条线进行放样操作，它们会共同控制放样物体的外形和控制各个部分的比例。

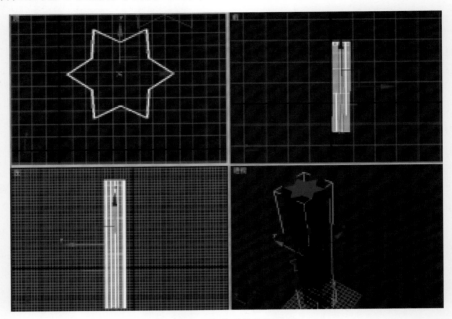

图 2.52　完成后的放样效果

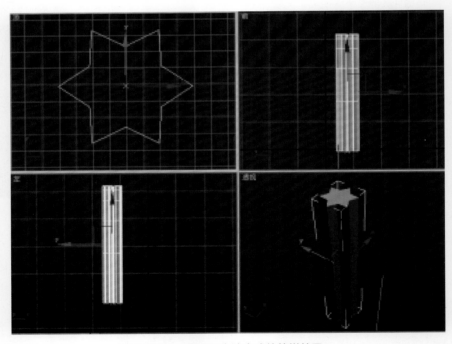

图 2.53　用不同方法完成的放样效果

多截面放样的步骤如下。

① 在场景中创建放样所需的路径样条线和两个或多个截面样条线。选中路径样条线，建立一条直线作为放样路径，另外分别建立方形、星形和圆形样条线作为放样图形，如图 2.54 所示。

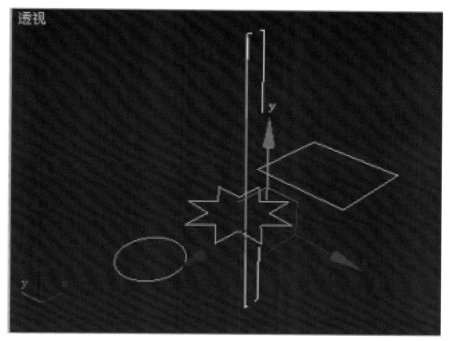

图 2.54　放样截面

② 在"创建"命令面板中单击"几何体"按钮，在"创建对象类型"下拉列表中选择"复合对象"选项，在"对象类型"卷展栏中单击"放样"按钮，如图 2.55、图 2.56 所示。

③ 展开"创建方法"卷展栏，单击其中的"获取图形"按钮，在视图中选择方形样条线图形，如图 2.57 所示。

在"路径参数"卷展栏中修改"路径"为 50.0，确认选择"百分比"单选按钮。再次在"创建方法"卷展栏中单击"获取图形"按钮，在视图中选择第二个样条线图形，就能得到一个放样造型，如图 2.58、图 2.59 所示。

④ 再次在"路径参数"卷展栏中修改"路径"为 100.0，确认选择"百分比"单选按钮。再次在"创建方法"卷展栏中单击"获取图形"按钮，在视图中选择第三个样条线图形，就得到了一个放样造型，如图 2.60 所示。

图 2.55　在"创建对象类型"下拉列表中选择"复合对象"

图2.56 "对象类型"卷展栏中的"放样"命令

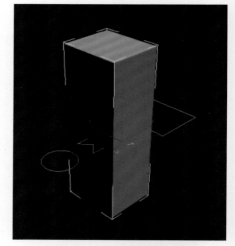

图2.57 首次放样后的效果

图2.58 设置"路径参数"

图2.59 二次放样后的效果

（3）放样变形

完成放样操作后，还可以对放样后的模型进行变形修改，从而得到更加复杂的模型。选中放样模型后进入"修改"命令面板，在"变形"卷展栏中一共提供了5种变形方式，分别是缩放、扭曲、倾斜、倒角和拟合变形，如图2.61所示。选择放样模型，单击"缩放"按钮后会弹出"缩放变形"对话框。

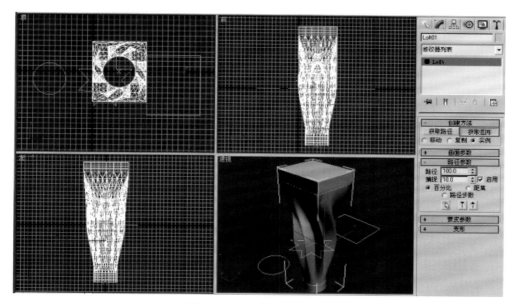

图 2.60 三次放样后的效果

单击"变形"卷展栏中的按钮均可弹出相应的对话框，在对话框中通过调整控制线的形状，可以得到不同的变形效果。控制线是样条线曲线，代表放样造型的路径。利用插入角点按钮和插入"Bezier"点工具可以在控制线上加点。利用"移动控制点"等工具可以调整放样模型的形状。以窗帘放样为例，步骤如下。

① 在顶视图创建两条波浪形状的线作为窗帘上下两端的形状。在前视图中创建一条直线作为窗帘的路径，如图 2.62 所示。

选择窗帘的路径执行放样命令，拾取上端形状进行放样，如图 2.63 所示。

② 进入"修改"命令面板，在"路径参数"卷展栏中将路径值改为 100.0，然后单击"获取图形"按钮，在视图内拾取窗帘下端的形状。这样，窗帘上下两端的形状就不一样了，如图 2.64 所示。

③ 在窗帘中间添加束扎效果。在"变形"卷展栏中单击"缩放"按钮，确保"均衡"按钮处于激活状态，在线段上增加点并进行调节，使窗帘中间向内收缩，如图 2.65 所示。

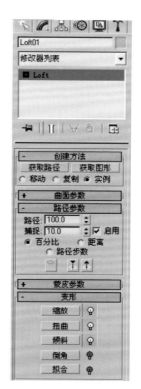

图 2.61 "变形"卷展栏

环境艺术创新设计技法——计算机辅助设计

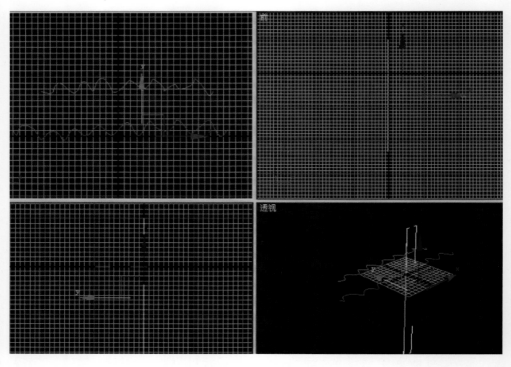

图 2.62　创建放样样条线

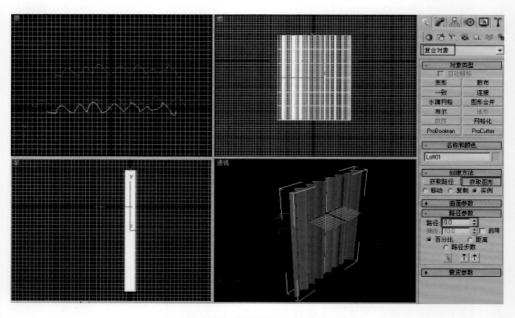

图 2.63　放样完成后的效果

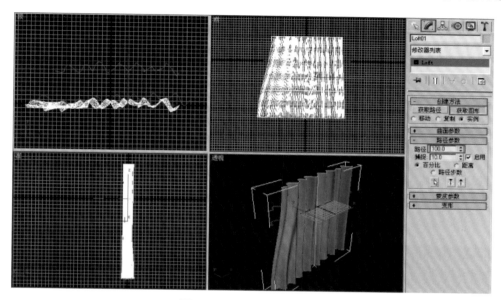

图 2.64　二次放样后的效果

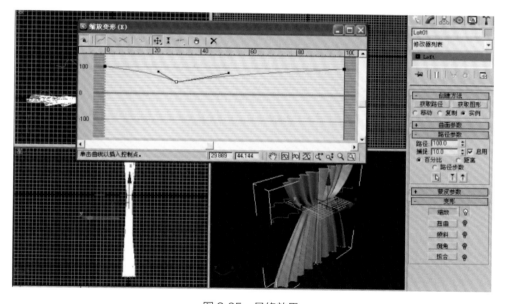

图 2.65　最终效果

思考与练习

1. 图形 "创建" 面板中共有几种图形？最常用的是哪几种？
2. 执行 "编辑多边形" 命令时，可以分别对哪些次物体进行哪些操作？

椅子的制作

3.1 钢管椅的做法

学习了二维编辑，我们可以进行简单的家具设计，第一步我们先进行钢管椅设计，具体步骤如下。

① 首先我们先打开 3ds Max 软件，设置单位尺寸为毫米（mm），在顶视图上绘制矩形；修改其尺寸，名称为"钢管椅"，如图 3.1 所示。

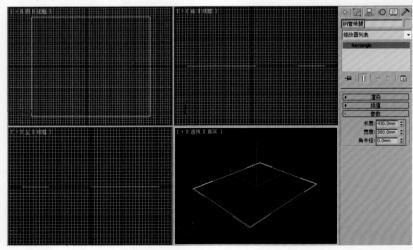

图 3.1　3ds Max 软件界面

② 在修改器列表中，选择"编辑样条线"命令，选择"分段"层级，选择左右两侧分段，在下拉菜单中选择"拆分"修改命令后面数字框中输入"2"，如图 3.2 所示。

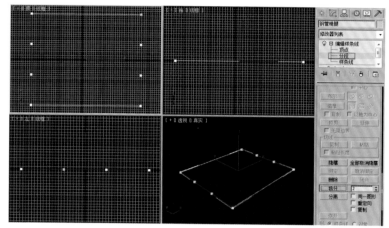

图 3.2　修改器列表（一）

③ 回到"顶点"层级，在顶视图上，对新建的两组点的位置进行移动，其移动到下边，如图 3.3 所示。

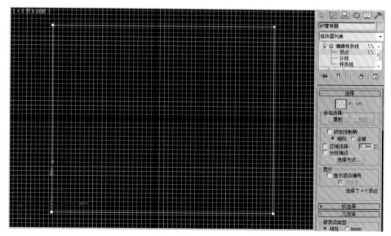

图 3.3　顶视图

④ 选择下部两组点，在左视图中，"选择并移动"按钮上单击右键，在弹出的菜单中 Y 轴数字框中输入"-650mm"，回车，沿 Y 轴将其向下移动"650mm"，如图 3.4 所示。

⑤ 选择最外面的两点，在"选择并移动"按钮上，单击右键在弹出的菜单中 X 轴数字框中输入"-500mm"，回车，如图 3.5 所示。

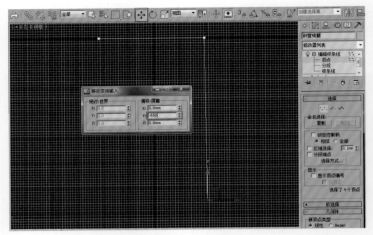

图 3.4　左视图

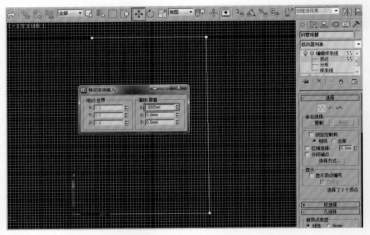

图 3.5　移动变换输入

⑥ 选择此造型中所有的点，在修改命令面板下拉菜单中，选择圆角后面的对话框输入"50mm"，单击圆角，如图 所示。

⑦ 单击编辑样条线命令，使其成灰色，选择下面的"Rectangle"，并单击打开卷展栏中渲染选项，选择"在渲染中启用"和"在视口中启用"渲染厚度中输入"20.0mm"，回车，这样就把钢管椅腿制作完毕了。如图 3.7 所示。

⑧ 椅子坐背设计，在图 3.8 的左示图中，绘制样条线，命名为"椅子坐背"。

⑨ 选择"样条线层级"，在卷展栏中，选择轮廓后面输入"8"，如图 3.9 所示。

⑩ 将样条线改为灰色，在修改命令面板中，选择挤出命令，挤出数量为490，如图 3.10 所示，这样一把钢管椅模型制作完毕。

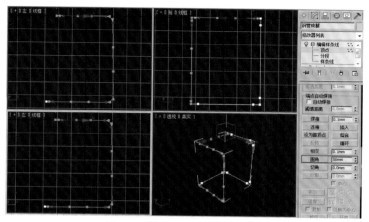

图 3.6　修改命令面板下拉菜单

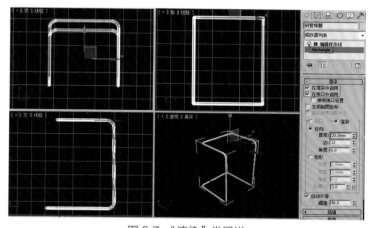

图 3.7　"渲染"卷展栏

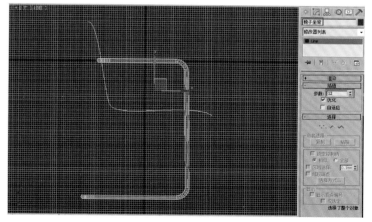

图 3.8　绘制样条线

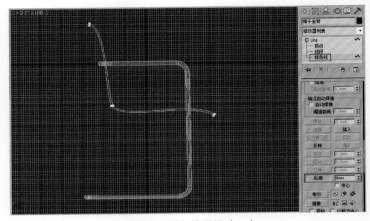

图 3.9　样条线层级（一）

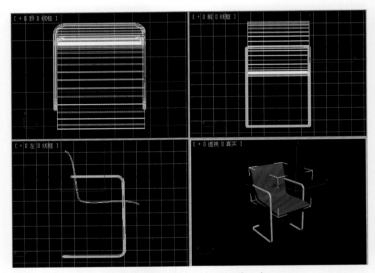

图 3.10　修改命令面板（一）

3.2　休闲椅的制作

现在开始，设计一把休闲椅。

① 首先我们使左视图最大化显示；打开 3ds Max 创建命令面板上的二维图形按钮。单击打开矩形样条线创建命令面板。在图 3.11 的左视图中创建一个矩形，将其命名为"休闲椅腿"。

② 单击打开修改命令面板按钮。设置其尺寸，如图 3.11 所示。

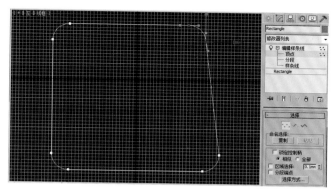

图 3.11　修改命令面板（二）

③ 单击打开修改器列表右边的下拉菜单，选择编辑样条线按钮，修改二维矩形线段。其形状如图 3.12 所示。

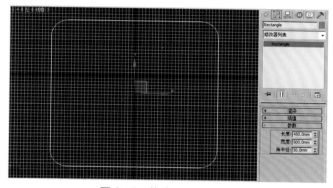

图 3.12　修改器列表（二）

④ 单击打开样条线选项，在下拉菜单中，选择轮廓按钮右边的数字框中，键入 "15mm"，回车，如图 3.13 所示。

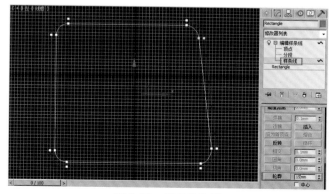

图 3.13　样条线选项

环境艺术创新设计技法——计算机辅助设计

⑤ 单击编辑样条线，使其变为灰色。在修改命令面板中，选择挤出命令右侧数字控框，键入"80.0mm"，回车，如图 3.14 所示。

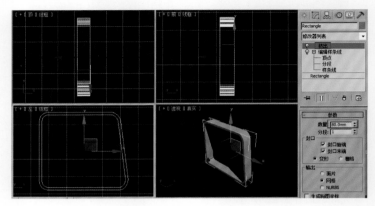

图 3.14　修改命令面板（三）

⑥ 在修改器列表右侧的下拉菜单，选择编辑多边形命令。在多边形中，选择命令。点击"边"命令。框选两边的边。在下拉菜单中，选择并单击切角右面的数字框，输入"2.0mm"确定。执行切角命令，如图 3.15 所示。

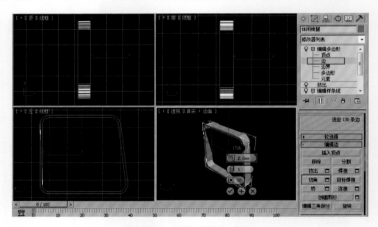

图 3.15　修改器列表（三）

⑦ 在图 3.16 的前视图中，选择镜像命令。镜像休闲椅腿如图 3.16 所示。

⑧ 选择最大化左视图，在其中绘制如图 3.17 所示样条线，并改名为"休闲椅座"。

⑨ 单击修改命令面板中的样条线，在下拉菜单中找到轮廓右边的数字栏，如图 3.18 所示。

⑩ 在修改器列表中选择，挤出命令。在参数栏中输入数量"500.0mm"，得到造型如图 3.19 所示。

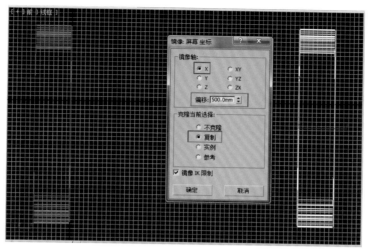

图 3.16　镜像命令（一）

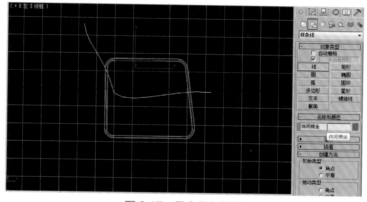

图 3.17　最大化左视图

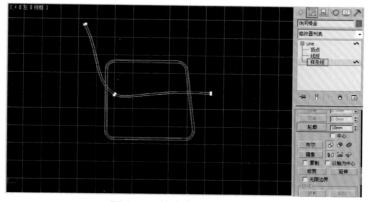

图 3.18　修改命令面板（四）

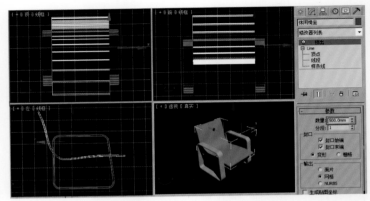

图 3.19 修改器列表（四）

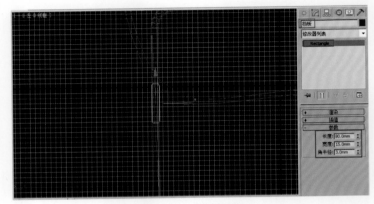

图 3.20 创建矩形

⑪ 在座位的下面，创建矩形，输入尺寸如图 3.20 所示。挤出数量为"500.0mm"，作为挡板，如图 3.21 所示。

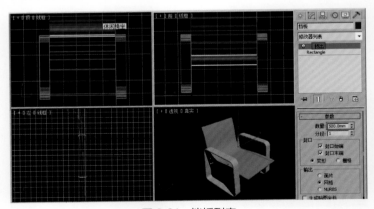

图 3.21 挡板列表

⑫ 复制一个到腿的前面，调整到合适的位置，作为前挡板。到此，休闲椅设计完成，将其保存成 3ds 格式，起名"休闲椅"。

3.3 盘管椅的制作

现在开始，设计一把盘管椅。

① 首先我们使左视图最大化显示，然后打开 3ds Max 创建命令面板上的二维图形按钮。单击命令面板创建螺旋线样条线。在顶视图中创建一个螺旋线，将其命名为"盘管椅"，如图 3.22 所示。

② 在前视图中，执行镜像"盘管椅"命令，得到"盘管椅 001"，如图 3.23 所示。

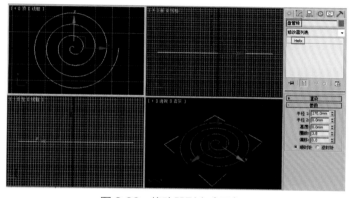

图 3.22 修改器列表（五）　　　　　　图 3.23 镜像命令（二）

③ 单击修改命令面板按钮。修改"盘管椅 001"形象，设置其尺寸，如图 3.24 所示。

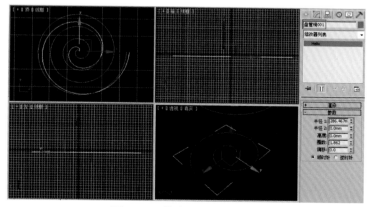

图 3.24 修改命令面板（五）

④ 选择"盘管椅 001",在修改器列表中,选择"编辑样条线"命令,应用修改命令,对其形状进行修改,如图 3.25 所示。

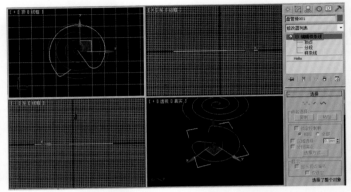

图 3.25　修改器列表（六）

⑤ 执行镜像"盘管椅"命令,选择 Z 轴得到"盘管椅 002",更改其颜色,更名为"盘管椅套",如图 3.26 所示。

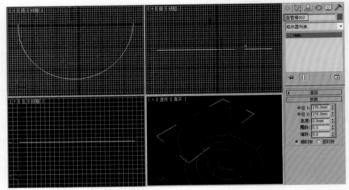

图 3.26　修改器列表（七）

⑥ 在前视图中,再次执行镜像"盘管椅"命令,选择 Z 轴,偏移 250,得到"盘管椅 002"选择修改按钮,修改线段。其形状和尺寸如图 3.27 所示。

⑦ 在顶视图中,执行镜像"盘管椅 002"命令,选择 Z 轴得到"盘管椅 003",更改其颜色,更名为"扶手套",如图 3.28 所示。

⑧ 单击"盘管椅"转换成可编辑样条线,在图 3.29 的左视图上,向上移动其外边上的点,使其与"盘管椅 002"外边上的点重合;在前视图上,向下移动其里边的点,使其与"盘管椅 001"中心的点重合。如图 3.29 所示。

⑨ 选择"样条线"层级,附加"盘管椅 001","盘管椅 001"回到顶点层级,融合并焊接相交的两个点,调整各个形成直角的点,进行圆滑处理,如图 3.30 所示。

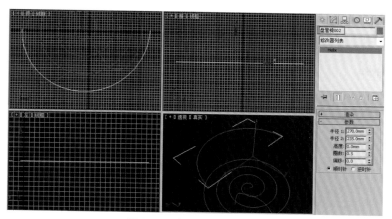

图 3.27　修改器列表（八）

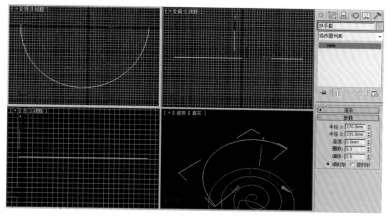

图 3.28　修改器列表（九）

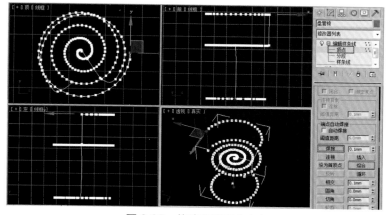

图 3.29　修改器列表（十）

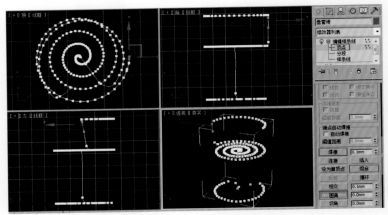

图 3.30 样条线层级（二）

⑩ 选择"编辑样条线"层级，使其变为灰色，向下选择名为 Helix "螺旋线"，在下拉菜单中调整其数值使其具有渲染性，如图 3.31 所示。

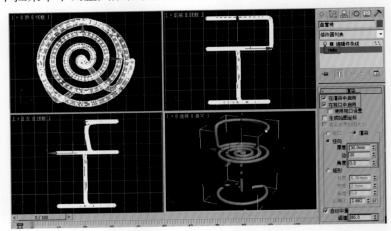

图 3.31 样条线层级（三）

⑪ 选择编辑样条线中的"分段"层级，选择"盘管椅"的两个端头的边线，进行切角处理，得到所做图形结果，至此"盘管椅"椅身部分制作基本完成，如图 3.32 所示。

⑫ 在修改命令面板，单击"显示"按钮中的全部取消隐藏，选择"扶手套"，修改其长短、设置参数，使其具有渲染性；再将其转化成可编辑多边形，修改端头形状，得到形状如图 3.33、图 3.34 所示。

⑬ 选择"盘管椅套"，修改其长短、设置参数，使其具有渲染性，如图 3.34 所示；再将其转化成可编辑多边形，修改端头形状，得到形状如图 3.35、图 3.36 所示。

⑭ 将 3 个物体分别进行网格平滑，如图 3.37 所示，这样得到一个新颖的盘管椅。

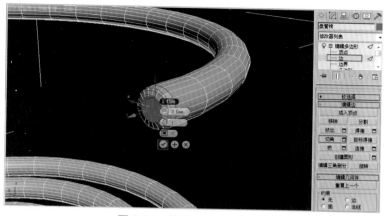

图 3.32 修改器列表（十一）

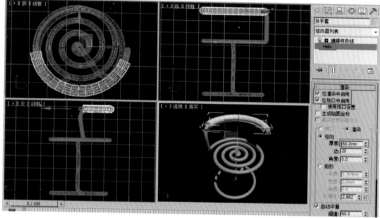

图 3.33 修改命令面板（六）

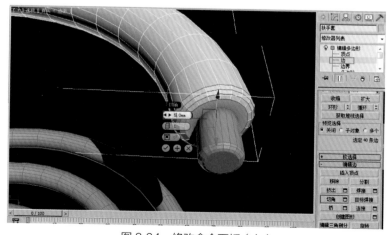

图 3.34 修改命令面板（七）

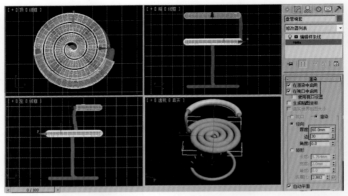

图 3.35　修改命令面板（八）

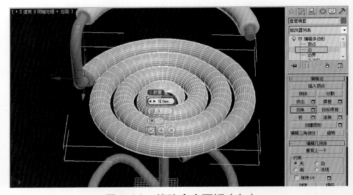

图 3.36　修改命令面板（九）

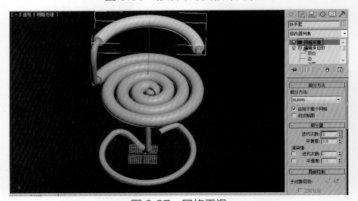

图 3.37　网格平滑

思考与练习

1. 如何快速将二维线段挤出厚度？
2. 如何将椅子带有弧度的地方变得更为平滑？

第4章

创新环境艺术设计

- 标准模型的创建方法及参数的含义。
- 3ds Max 中的几种常用建模方法。
- 修改器的使用。

学习目标：

- 掌握二维样条线的创建和编辑方法，掌握模型的修改方法。
- 熟悉并掌握放样建模的工具和复合建模的方法。

4.1 八卦游泳馆的制作

① 先打开 3ds Max，单击创建几何体，选择标准基本体下的几何球体，在顶视图上创立一个几何球体，如图 4.1 所示。

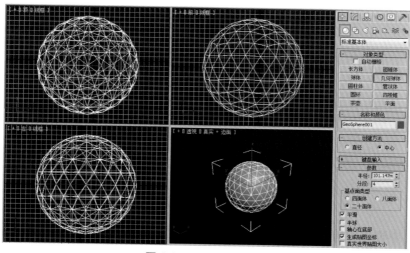

图 4.1　3ds Max 界面

修改其参数和设置，并将其命名为"主馆框架"，如图 4.2 所示。

环境艺术创新设计技法——计算机辅助设计

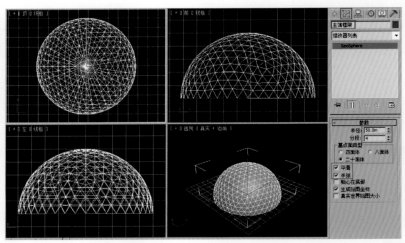

图4.2　修改器列表（十二）

②　在顶视图中选择"缩放命令"，单击右键，弹出的缩放变换对话框中，在"绝对：局部"栏修改器参数设置：X:65，Y:120，Z:90，如图4.3所示。

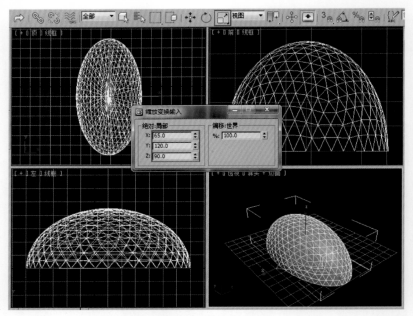

图4.3　缩放命令

③　在修改器列表下拉菜单中选择"锥化"命令，并修改其参数，如图4.4所示。

④　在修改器列表下拉菜单中选择自由变形的"FFD3×3×3"命令，打开堆栈，选择控制点选项，调整其形态，如图4.5所示。

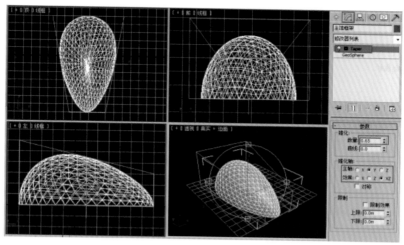

图 4.4　锥化命令

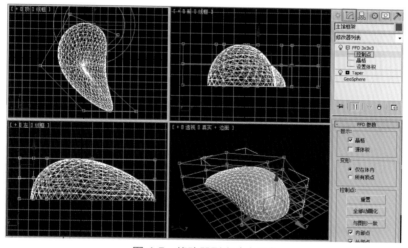

图 4.5　修改器列表（十三）

⑤ 在修改器列表下拉菜单中选择"编辑多边形"命令，打开堆栈，选择
"多边形"选项，框选所有面，按 Delete 键进行删除，如图 4.6 所示。

⑥ 在下拉菜单中，选择"挤出"，按 Delete 键删除，调整其姿态，形成入口
设计，如图 4.7 ～图 4.9 所示。

⑦ 选择整体主馆框架，在修改命令面板中，选择"晶格"命令，调整下拉
菜单中的参数，如图 4.10 所示。

⑧ 打开编辑命令下拉菜单，选择"克隆"选项，复制一个主馆框架得到
"主馆框架 001"，将其命名为"主馆玻璃"，将修改堆栈中的"晶格"命令删除，
如图 4.11 所示。

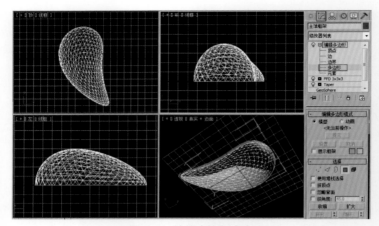

图 4.6　编辑多边形命令

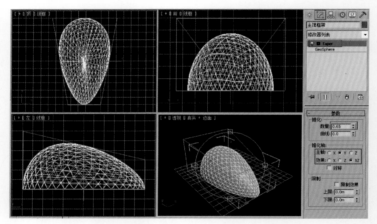

图 4.7　修改器列表（十四）

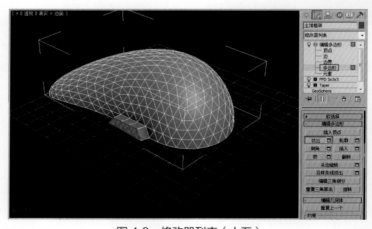

图 4.8　修改器列表（十五）

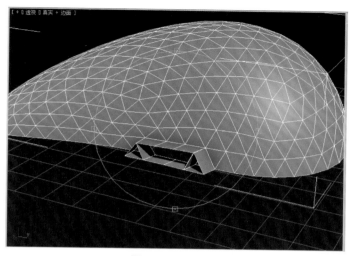

图 4.9　入口设计

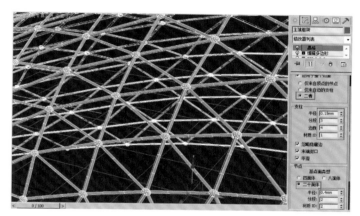

图 4.10　修改命令面板（十）

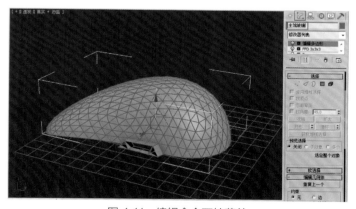

图 4.11　编辑命令下拉菜单

这样八卦游泳馆的主馆的框架和玻璃外观，就建成了。

4.2 框架及玻璃灯光制作

① 选择前面做好的框架和玻璃外观图形，进行旋转复制，得到相对的形象，修改其名称为"训练馆框架""训练馆玻璃"，如图 4.12 所示。

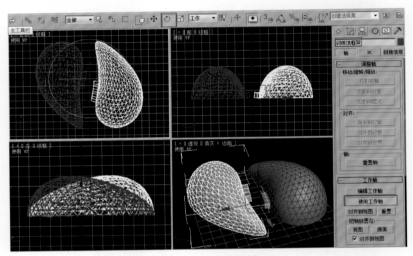

图 4.12 旋转复制

② 设置灯光和相机，在前视图上创建一个相机，调整其位置和参数，将透视图转化为相机视图，如图 4.13 所示。

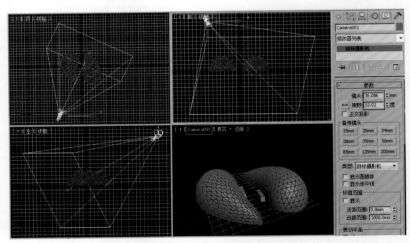

图 4.13 设置灯光和相机

③ 打开渲染选项，在渲染设置中，设置渲染器为 V-Ray 渲染器，如图 4.14
所示。

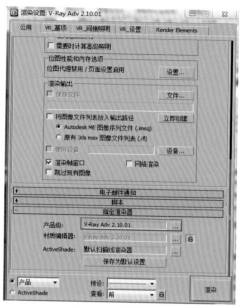

图 4.14　渲染设置

④ 在创建命令面板，选择灯光创建命令，在其中选择 V-Ray 灯光里的 V-Ray
Sun（太阳），在顶视图中创建一个太阳，在弹出的 V-Ray Sun 菜单中选择"是"，
如图 4.15 所示。

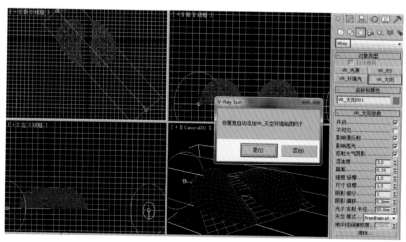

图 4.15　灯光创建命令

⑤ 调整太阳的位置和参数，如图 4.16 所示。

环境艺术创新设计技法——计算机辅助设计

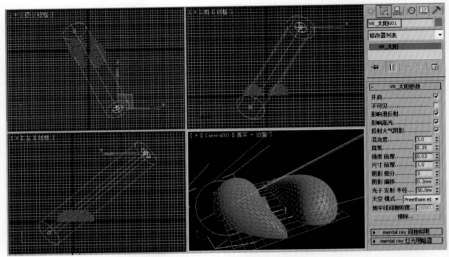

图 4.16　调整太阳位置和参数

4.3　建筑玻璃材质的制作

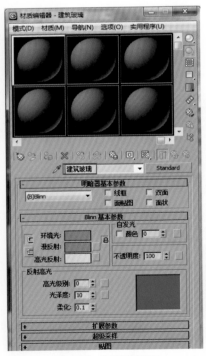

图 4.17　材质编辑器

① 建筑玻璃是一种较为简单的材质，在大多数场景中都会用到。在这里用 3ds Max 标准材质制作即可，单击材质编辑器按钮，选择一个空白材质球，将其更名为"建筑玻璃"。如图 4.17 所示。

② 将漫反射的颜色参数进行调整。设置建筑玻璃的不透明度为"86"，高光级别为"120"，光泽度为"45"，如图 4.18 所示。

③ 打开"贴图"卷展栏，将反射贴图数值设置为"40"，并赋予一个 V-Ray 贴图，如图 4.19 所示。

④ 将制作好的建筑玻璃材质赋予"游泳馆玻璃"和"训练馆玻璃"模型。

⑤ 在体育馆下面建一个方形作为地面，渲染一下，观察完成后的建筑玻璃材质，如图 4.20 所示，至此完成了游泳馆造型建模。

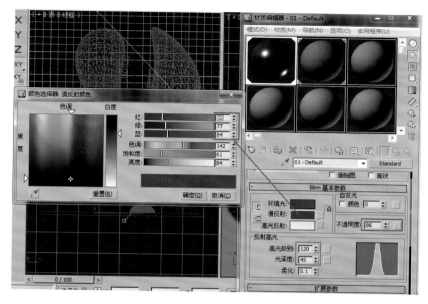

图 4.18　漫反射设置

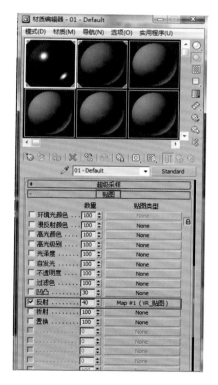

图 4.19　"贴图卷"展栏

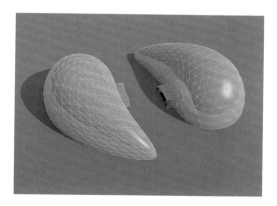

图 4.20　游泳馆造型建模

环境艺术创新设计技法——计算机辅助设计

4.4 景观雕塑"腾飞希望"设计

① 首先打开 3ds Max,设置单位为 mm(毫米),打开创建命令面板的下拉菜单,选择扩展基本体,单击选择切角圆柱体,在顶视图上创建一个半径为 2600.0mm 的切角圆柱体,并调整其数值,修改其名称为"底座",如图 4.21 所示。

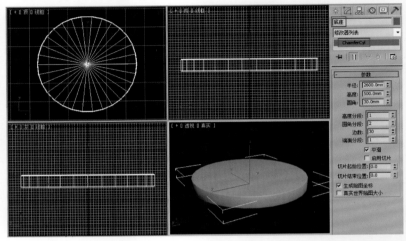

图 4.21　底座编辑

② 在前视图中,向上复制一个底座,得到"底座 001",修改其尺寸和颜色,如图 4.22 所示。

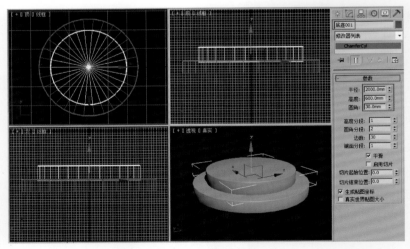

图 4.22　复制底座

③ 顶视图中,建立一个圆柱体调整其位置及尺寸,如图 4.23 所示。

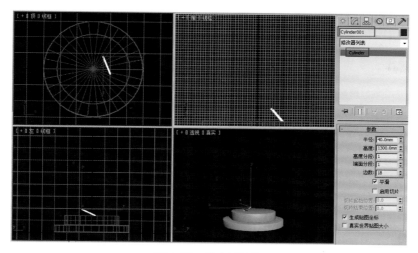

图 4.23　建立圆柱体

④ 在顶视图中，选择旋转按钮，按住 Shift 键，旋转 120°，复制两个圆柱体，如图 4.24 所示。

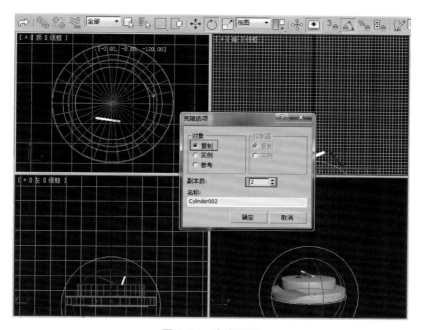

图 4.24　克隆选项

⑤ 选择 3 个圆柱体，单击重组，将其命名为"组 001"，如图 4.25 所示。

⑥ 顶视图中，单击"组 001"，选择阵列命令，在弹出的对话框中，修改其参数，如图 4.26 所示。

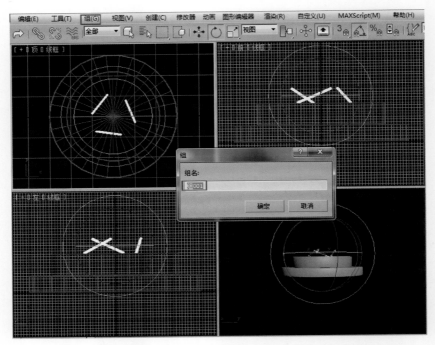

图 4.25　重组命令

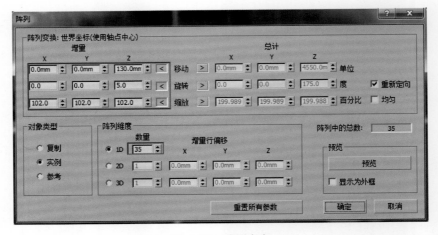

图 4.26　陈列命令

⑦ 得到造型，如图 4.27 所示。

⑧ 在创建面板中，选择扩展基本体选项，单击"异面体"在顶视图中创建异面体造型，修改其参数，如图 4.28 所示。

⑨ 在顶视图中创建一个圆柱体，作为星形的支架，修改其尺寸，如图 4.29 所示，至此雕塑造型"腾飞希望"完成。

图 4.27　造型

图 4.28　扩展基本体列表

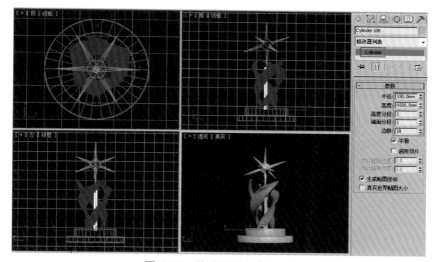

图 4.29　修改器列表（十六）

思考与练习

1. 如何快速地对室外造型进行建模及修改？

2. 如何把握建筑玻璃材质的高光光泽度和反光光泽度？

第 5 章

会议室效果图的制作

本章知识点:

- 方盒子建模的方法。
- 模型的调入。
- V-Ray 材质的设置。
- 灯光的分析与布置，渲染参数的设置。

学习目标:

- 掌握方盒子建模的方法。
- 掌握模型的调入方法。
- 掌握 V-Ray 材质与灯光的制作方法。
- 掌握设置 V-Ray 渲染器面板参数的方法。

5.1　会议室效果图模型部分的制作

创建前注意改单位：首先单击 自定义(U) →【单位设置】修改单位设置，"公制"下改为 mm（毫米），单击"系统单位设置"改为 mm（毫米）。

5.1.1　墙体主体框架、窗户等模型制作

① 首先单击"创建"按钮 ，进入"标准基本体"面板单击 长方体 按钮和"2.5 维捕捉" ，利用端点捕捉功能，在顶视图中由平面图的右上角顶点按住不放拉到左下角端点放开，单击再按住不放向上扫出墙体轮廓，创建出墙体。单击"修改"面板中的"参数"中的"高度"参数，按照室内高度修改为"5000.0mm"，如图 5.1 所示。然后将这个长方体改名为"墙体"。

② 右键单击模型转换为 转换为可编辑多边形 选择"元素" 往下拉，然后单击翻转，如图 5.2 所示。3ds Max 里创建模型后有暗面和亮面，翻转一下让亮面朝里比后期渲染效果更佳。

③ 选择"顶视图"找到修改里"可编辑多边形" 可编辑多边形 单击"多边形" 选择顶面，然后单击"分离" 分离 ，再单击"多边形"取消选

择，选择顶面右键"隐藏选定对象"，如图 5.3 所示。

④ 为了便于观察创建效果，可临时创建一两个泛光灯。单击"创建"面板中的"创建灯光"按钮，在标准灯光下找到并单击"泛光灯"按钮，在前视图中单击创建两个泛光灯，如图 5.4 所示。

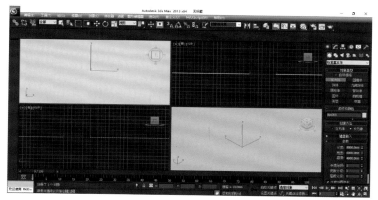

图 5.1　拉出墙体

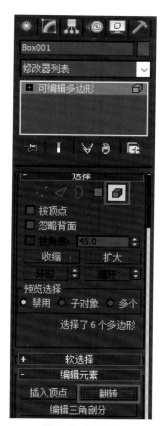

图 5.2　翻转面

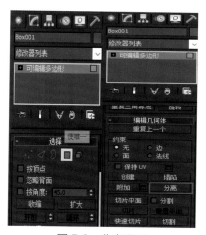

图 5.3　分离顶面

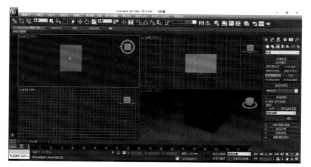

图 5.4　创建泛光灯

⑤ 在前视图中选中"墙体"找到"可编辑多边形" ![可编辑多边形] 里的边 ⬦ 单击，然后选择上下两条边"连接" 连接 两条线，如图 5.5 所示。

⑥ 开启捕捉 2.5 维 [2.5]，选择连接的一条线往同侧边线移动捕捉到边线，然后变换输入 X 轴偏移 600mm。如图 5.6 所示。

⑦ 另一条边线同样的操作步骤，X 轴偏移为 –600mm，如图 5.7 所示。

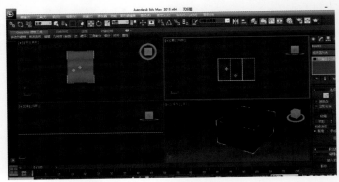

图 5.5　连接两条线

图 5.6　变换输入边

图 5.7　变换输入边线

⑧ 选择左右两条边"连接" 连接 两条线，下边的线捕捉到下边线，变换输入下边线为 Y 轴偏移 1100mm，上边的线捕捉到上边线，变换输入 Y 轴偏移 –600mm，如图 5.8 所示。

⑨ 选中可编辑多边形 ![可编辑多边形] 中的多边形 ■，选中⑧中连接组成的面挤出 –240mm，如图 5.9 所示。

⑩ 选中挤出的面删除。

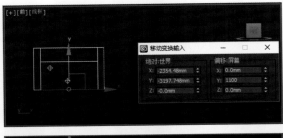

图 5.8　变换输入上下边线

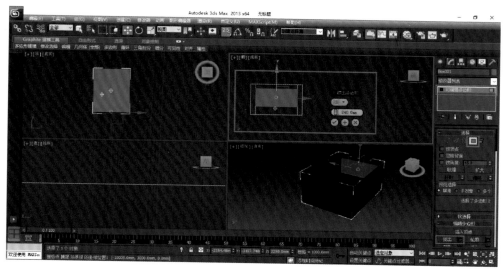

图 5.9　窗子挤出

5.1.2　创建摄像机视图

为了便于观察场景和定位渲染角度，需要创建一台或多台摄像机。

① 单击"摄像机"按钮，进入"摄像机"创建面板。单击"目标"按钮　目标　，在顶视图中拖动鼠标创建一台摄像机，在前视图中同时选中相机和目标点，变换输入 Y 轴偏移 1300mm，将相机调整到合适的高度，如图 5.10 所示。

图 5.10　调整相机

② 选择"摄像机"，进入摄像机"修改"面板，设置镜头值为"16.5"，扩大相机视野，按"C"键切换到相机视图，观察相机视野是否合适进行微调，按下 Shift+C 隐藏相机，如图 5.11 所示。

5.1.3　创建吊顶造型

① 在"创建"面板单击"创建"，再单击"图形"按钮，单击"矩形"　矩形　按钮，在顶视图中让图形线框显示，开启捕捉 2.5 维，按照墙体的长宽拉出矩形，如图 5.12 所示。

② 单击鼠标右键，在卷展栏中把图形转换为"可编辑样条线"，如图 5.13 所示。

图 5.11　设置摄像机参数

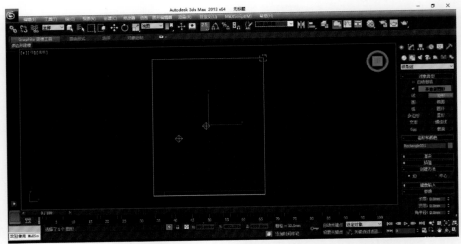

图 5.12　捕捉矩形

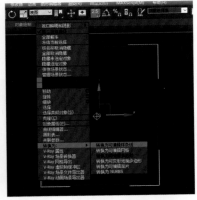

图 5.13　转换为可编辑样条线

③ 在"修改"命令面板下单击"样条线"按钮，之后在卷展栏中找到"轮廓"选项，在后面输入"1600"得到图形，将其改名为"吊顶"，如图 5.14 所示。

④ 创建同等孔。单击"创建"按钮，再单击"图形"按钮，单击圆按钮，在顶视图中按照筒灯的位置拉出圆形，并修改参数为半径50mm，如图 5.15 所示。

⑤ 使用移动复制法在图框里布置筒灯位置，如图 5.16 所示。

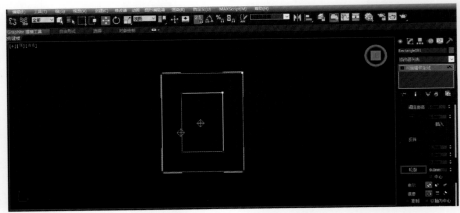

图 5.14　选择样条线添加轮廓命令

图 5.15　设置筒灯位置半径

图 5.16　布置筒灯孔位

⑥ 选择"吊顶"，在修改中选择可编辑样条线 可编辑样条线 ，单击样条线往下拉选择附加，附加所有筒灯孔将其合并在一起，如图 5.17 所示。

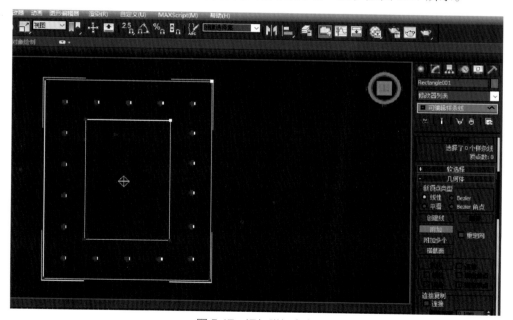

图 5.17　添加附加命令

⑦ 在"修改器列表"下拉菜单中选择"挤出"命令，在"数量"栏中输入"100"，如图 5.18 所示。

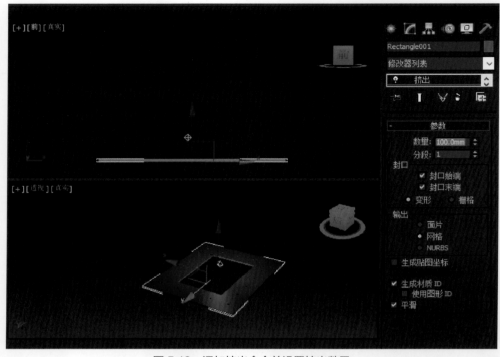

图 5.18　添加挤出命令并设置挤出数量

⑧ 按住 Shift 键，向上移动复制一个吊顶，得到"吊顶 01"。在缩放按钮 上单击右键，在"缩放变换输入"对话框的"偏移：屏幕"框内输入"97"，制造一个双层吊顶，如图 5.19 所示。

⑨ 调整"吊顶"和"吊顶 01"到适当位置，如图 5.20 所示。

⑩ 将吊顶移动到顶部但不能紧贴顶面，这里需要内藏灯带，离顶面大约 400mm 的距离就可以了。还有一点需要注意，吊顶时需要内藏窗帘盒的，需要将近阳台一面

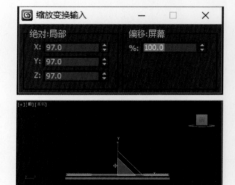

图 5.19　双层吊顶的制作

的吊顶拉开 200mm 的距离。选择"吊顶"，执行"编辑多边形"命令，进入"点层级" ，在顶视图中选中节点，变换输入"240mm"，将其拉开一定距离，如图 5.21 所示。

5.1.4　创建拱形吊顶

① 在前视图中创建图中样式的弧线造型，如图 5.22 所示。

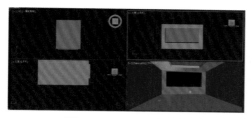

图 5.20　调整吊顶位置

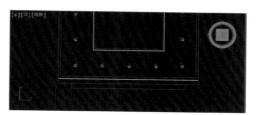

图 5.21　调整后的吊顶

② 在"修改器列表"下拉菜单中选择"挤出"命令，在"数量"框内输入"8000"并将其改名为"拱形吊顶"，如图 5.23 所示。

③ 在"拱形吊顶"中添加"离缝"造型。在"拱形吊顶"选定状态下，于顶视图中单击鼠标右键，从快捷菜单中选择"转换为"→"转换为可编辑多边形"命令，如图 5.24 所示。

图 5.22　创建拱形样条线

图 5.23　添加"挤出"修改器
并设置"挤出"数量

图 5.24　转换为可编辑多边形

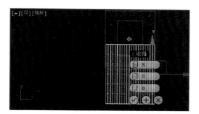

图 5.25　设置分段数

④ 在"编辑多边形"的"边"级别中选择所有"拱形吊顶"纵向线，单击连接命令的设置按钮，输入"分段"为"5"，如图 5.25 所示。

⑤ 单击"挤出"按钮后的方框，在弹出的对话框中输入如图 5.26 所示的量，最终得到"离缝"造型。

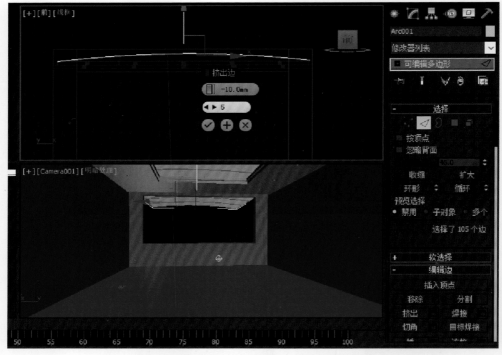

图 5.26　设置"挤出"高度和"挤出"基面宽度

5.1.5　创建墙面造型

图 5.27　创建样条线

① 创建如图 5.27 中所示样条线。

② 在"修改器列表"下拉菜单中选择"挤出"命令，在"数量"框内输入"3500"，然后改其名为"铝塑墙面"，如图 5.28 所示。

③ 在"铝塑墙面"中添加"离缝"造型效果。在前视图中单击鼠标右键，执行"转换为"→"可编辑多边形"命令，选择所有竖向线条，如图 5.29 所示。

④ 单击"连接"命令后的设置按钮，输入"分段"为"5"，单击"挤出"按钮的方框，在弹出的对话框中输入如图 5.30 所示的量，最后得到离缝造型。

5.1.6　创建墙面装饰造型

① 在"创建"面板中单击"几何体"按钮██，再单击██长方体██按钮。在"铝塑墙面"造型的中间创建长方体，设置参数如图 5.31 所示。长方体略低于

② 首先将模型导入到场景中。在导入物体时取消对灯光、摄像机、辅助对象的选择，如图 5.36 所示。

图 5.33 添加"晶格"
命令并修改"金属框"数

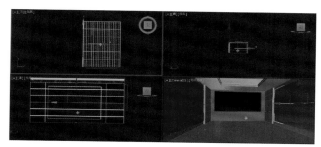

图 5.34 最终完成室内建模

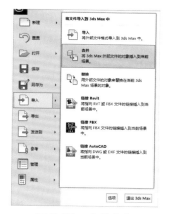

图 5.35 合并命令

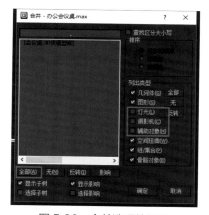

图 5.36 合并选项的设置

5.1.8 调入模型

① 合并门窗模型到相应的位置，如图 5.37 所示。

② 依次调入会议桌、筒灯、植物等物件并移动到相应位置，如图 5.38 所示。注意：尺寸的大小要按比例进行调整。

③ 由于调入的模型较多，往往电脑会产生卡顿，需要把暂时不用的隐藏起来。方法是选中要隐藏的物体单击右键，单击"隐藏选定对象" 隐藏选定对象 按钮，仅留下对建模有参照作用的就可以了，如图 5.39 所示。

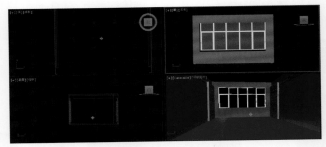

图 5.37　调入门窗模型

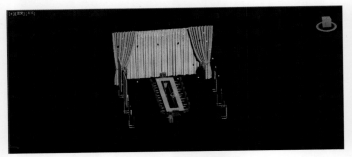

图 5.38　调入其他模型

图 5.39　隐藏对象

5.2　会议室效果图材质的制作与分配

会议室中的基础材质有墙乳胶漆、地板、窗帘等，下面介绍它们的具体设置方法。

5.2.1　白乳胶漆材质的设置

① 单击"材质"编辑器，选择空白材质球，将其转换为 V-Ray 材质，更名为"白乳胶"，如图 5.40 所示。

② 漫反射调整为一个近白偏黄的颜色，如图 5.41 所示。

③ 调整乳胶漆反射颜色及高光光泽度，如图 5.42、图 5.43 所示。

④ 观察完成后的乳胶漆材质，如图 5.44 所示。

⑤ 选择墙体、吊顶、吊顶 01、拱形顶等模型，将白色乳胶漆材质赋予这些物体。

5.2.2　设置地板材质

① 将地面分离出来。选择墙体部分，打开"编辑多边形"卷展栏，单击

"多边形"按钮 ，选择地面部分，执行"分离"命令，将其更名为"地面"，分离的步骤和前面可见墙面是一样的，如图 5.45 所示。

图 5.40　将标准材质转化为 V-Ray 材质

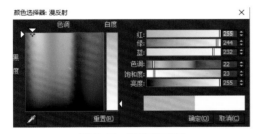

图 5.41　调整漫反射

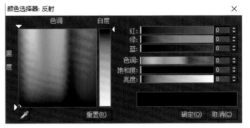

图 5.42　调整反射颜色

图 5.43　调整高光光泽度

图 5.44　完成乳胶漆的制作

环境艺术创新设计技法——计算机辅助设计

图 5.45   分离地面

② 先选中地面，找到修改器里的 ▊ UVW 贴图 ▊ 按钮，单击"添加"（地板要加贴图，每个加贴图的物体以后都要先添加一个 UVW 贴图，防止渲染中出错），打开"材质编辑器"，在材质编辑器中新建一个 ▊ VRayMtl ▊，设置木地板的漫反射、反射、高光光泽度、反射光泽度、凹凸的参数，如图 5.46 ~ 图 5.51 所示。

图 5.46   漫反射加贴图

③ 将材质赋予地板，单击"视口"中显示"明暗处理材质" ▊，在相机视图中观察调整贴图大小。

反射加衰减，白色部分改为浅蓝，反射类型改为"Fresnel"。

5.2.3　设置窗帘参数

① 选择空白材质球，将其转换为 V-Ray 材质，漫反射后加"衰减"，调整"反射光泽度"和"高光光泽度"取消（即勾掉）"跟踪反射"，添加"凹凸"。如图 5.52 ～图 5.56 所示。

② 观察材质球并将其赋予窗帘，如图 5.57 所示。

5.2.4　窗纱材质的制作

① 选择空白材质球，将其转化为 V-Ray 材质，修改漫反射、折射、折射光泽度、折射率、烟雾倍增、影响阴影、影响通道的参数，如图 5.58 ～图 5.62 所示。

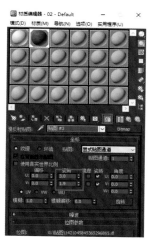

图 5.47　调整贴图

图 5.48　加"衰减"

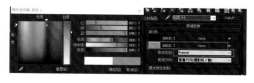

图 5.49　调整"衰减"参数

图 5.50　调整"高光光泽度""反射光泽度"参数

② 观察制作好的材质，将其赋予窗纱，如图 5.63 所示。

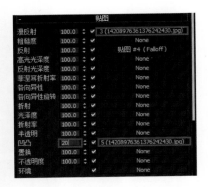

图 5.51　将"漫反射"下的贴图拖到"凹凸"下，
选项选"复制"，"凹凸"数值输入"20"

图 5.52　"漫反射"加"衰减"的参数

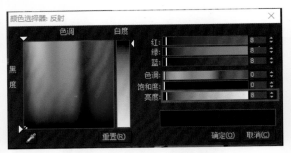

图 5.53　反射参数

图 5.54　调整"高光光泽度"

图 5.55　取消（即勾掉）"跟踪反射"

图 5.56　添加"凹凸"

图 5.57　完成后的窗帘材质

图 5.58　调整漫反射"衰减"黑色部分参数

图 5.59　调整漫反射"衰减"白色部分参数

图 5.60　调整折射后"衰减"黑色部分参数

图 5.61　调整折射后"衰减"白色部分参数

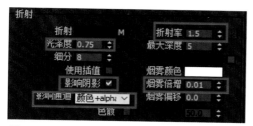
图 5.62　调整"折射光泽度""折射率""烟雾
倍增""影响阴影""影响通道"参数

图 5.63　完成后的窗纱
材质

5.2.5　设置门窗框材质

选择一个空白材质球，将其转化为 V-Ray 材质，更名为"门窗框"。设置门窗框的"漫反射""反射""高光光泽度""反射光泽度"的参数。如图 5.64 ～图 5.66 将其赋予"门窗框"。

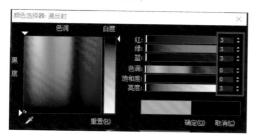
图 5.64　"漫反射"参数

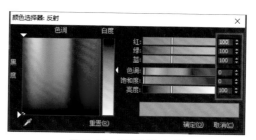
图 5.65　"反射"参数

5.2.6　设置墙面大理石材质

① 选择空白材质球，将其转化为 V-Ray材质，设置"大理石"材质，调整"漫反射"加贴图、"反射"加衰减、"反射光泽度"参数。如图 5.67 ～图 5.69 所示。

② 选择墙体等物体并将其赋予大理石材质。

图 5.66　"高光光泽度"和"反射光泽
度"参数

5.2.7　设置榉木材质

① 选择空白材质球，将其转换为 V-Ray 材质，编辑"漫反射""反射""高光光泽度""反射光泽度""凹凸"的参数，如图 5.70 ～图 5.72 所示。

② 选择相应的物体赋予其材质。

图 5.67 "漫反射"后加贴图

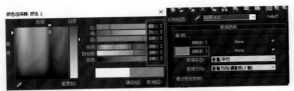

图 5.68 "反射"后加衰减

图 5.69 调整反射光泽度参数

图 5.70 "漫反射"加贴图

图 5.71 "反射"加衰减参数

图 5.72 调整"高光光泽度"和"反射光泽度"

5.2.8　设置不锈钢材质

① 选择空白材质球，将其转化为 V-Ray 材质，调整"漫反射""反射""高光光泽度"的参数，将其命名为"不锈钢"，如图 5.73 ～图 5.75 所示。

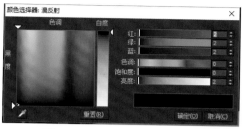

图 5.73　设置"漫反射"参数

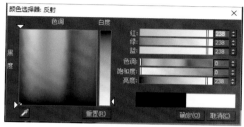

图 5.74　设置"反射"参数

② 将设置好的材质赋予相应的物体上。

5.2.9　设置玻璃材质

图 5.75　设置"高光光泽度"参数

① 选择空白材质球，将其转化为 V-Ray 材质，调整"漫反射""反射""折射""影响阴影""影响颜色通道"的参数。如图 5.76 ～图 5.79 所示。

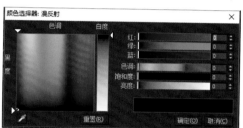

图 5.76　漫反射为纯黑

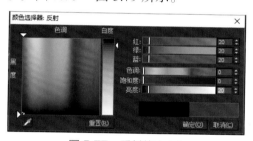

图 5.77　反射值为 20

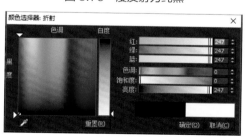

图 5.78　折射为近白

图 5.79　取消（即勾掉）"影响阴影""影响通道"改为"颜色 +alpha"

② 将完成的材质赋予相应的物体上。

5.2.10　设置皮革材质

① 选择空白材质球，将其转换为 V-Ray 材质，调整"漫反射""反射""高

光光泽度""反射光泽度""插值"的参数。如图 5.80～图 5.82 所示。

图 5.80 "漫反射"加位图

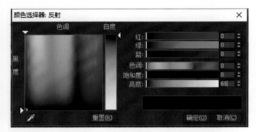

图 5.81 调整"反射"参数

图 5.82 调整"高光光泽度""反射光泽度"
勾选"使用插值"

② 将完成后的材质赋予相应的物体上。

5.2.11 设置外景

① 在窗外创建平面，如图 5.83 所示。

图 5.83 创建窗外平面

② 选择空白材质球，将其转换为 V-Ray 覆盖材质，调整"基本材质""全局照明材质""反射材质"的参数。如图 5.84～图 5.88 所示。

③ 将调整好的材质赋予相应的物体。

图 5.84　添加 V-Ray 覆盖材质

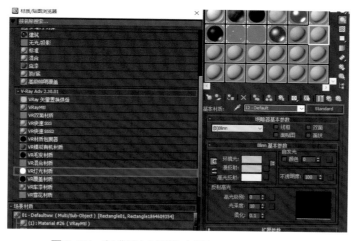

图 5.85　在"基本材质"中添加 V-Ray 灯光材质

图 5.86　在红标处添加外景贴图

环境艺术创新设计技法——计算机辅助设计

图 5.87　在"全局照明"下转换为 V-Ray 材质"漫反射"为"220"

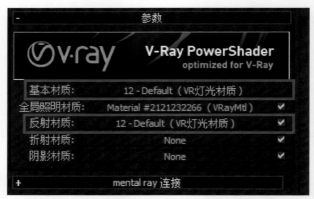

图 5.88　将"基本材质"复制一个到"反射基本材质"中

5.3　会议室灯光设置与渲染

此例主要光源是日光、室内主光、反光灯槽、筒灯等。

① 在"创建" ![icon]命令面板选择"灯光"下拉列表中的"V-Ray 灯光"。场景的窗外入射口是门窗框,因此使用 V-Ray 面光源来模拟室外光源摆放位置,如图 5.89 所示。

② 调整 V-Ray 灯光的参数,如图 5.90 所示。

图 5.89　创建 V-Ray 片灯

5.3.1　制作暗藏灯带

同样选择 V-Ray 面光源进行制作，在顶视图中创建 5 盏 V-Ray 灯光，使其照射的方向朝上，并调整位置到吊顶和房顶中间位置，调整 V-Ray 灯光参数，如图 5.91 所示。

5.3.2　创建筒灯

① 选择"光度学"灯光中的"目标灯光"，如图 5.92 所示。

② 在前视图中制作一盏目标灯光，采用"实例"的复制方式在每一个筒灯下都复制一盏，如图 5.93 所示。

③ 调整目标灯光的参数，选用"光度学 Web"的灯光分布类型，参数设置如图 5.94 和图 5.95 所示。

④ 添加光域网文件，调整灯光强度，如图 5.96 所示。

图 5.90　调整 V-Ray 灯光参数

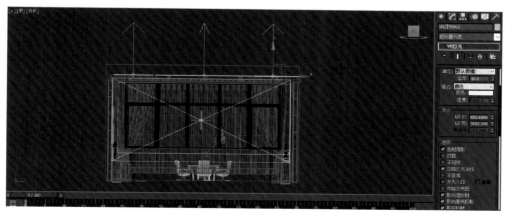

图 5.91　完成灯带灯光设置

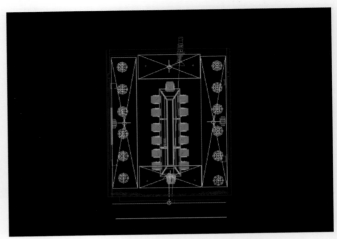

图 5.92　选择目标灯光

图 5.93　实例复制后目标灯光的放置

图 5.94　选用光度学
Web 的灯光分布

图 5.95　选用点光源

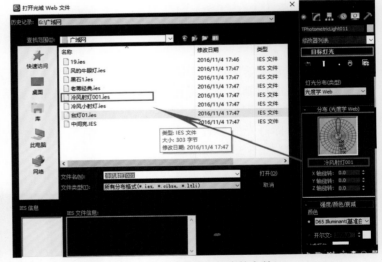

图 5.96　调整目标灯光的参数

5.3.3　制作主灯效果

① 在房间中间制作主灯效果。制作方法在顶视图中创建一盏朝下的 V-Ray 片灯，调整其位置和大小，最后调整其参数，如图 5.97 所示。

② 这样就完成了灯光的布置，单击鼠标右键选择"全部取消隐藏"将所有模型显示出来。

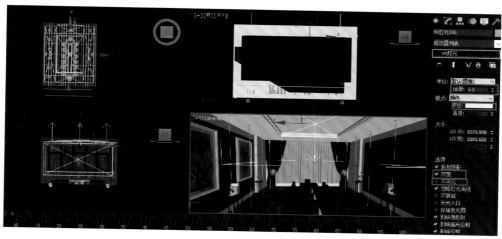

图 5.97 添加主灯效果

5.3.4 会议室渲染测试阶段

① 调整测试阶段的参数，按 F10 键进入 V-Ray 渲染器面板，调整渲染图片的大小，如图 5.98 所示。

② 设置"帧缓冲区"参数，如图 5.99 所示。

图 5.98 "公用参数"卷展栏的设置

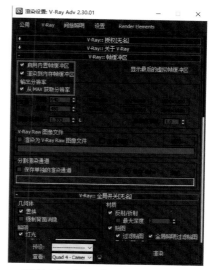

图 5.99 设置"帧缓冲区"参数

③ 设置"图像采样器"参数，如图 5.100 所示。

④ 激活"间接照明"开光，调整"发光图"参数，如图 5.101 所示。

⑤ 调整"灯光缓存"卷展栏参数，如图 5.102 所示。

⑥ 调整"V-Ray"系统参数，如图 5.103 所示。

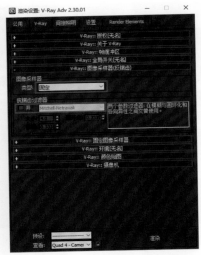

图 5.100　"图像采样器"参数

图 5.101　调整"间接照明""发光图"参数

图 5.102　"灯光缓存"参数

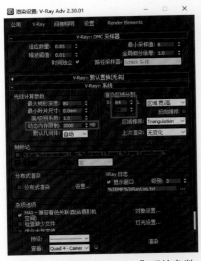

图 5.103　调整"V-Ray"系统参数

图 5.104　测试效果图

⑦ 渲染测试阶段的参数已经设置完毕，然后对场景进行测试渲染后不断调节灯光参数，直至合适效果。渲染测试最终效果如图 5.104 所示。

5.3.5　会议室渲染出图阶段

① 按 F10 进入 V-Ray 渲染器面板，

调整出图大小，如图 5.105 所示。

②设置"发光贴图"卷展栏参数，如图 5.106 所示。

图 5.105　调整出图大小

图 5.106　设置"发光贴图"参数

③设置"灯光缓存"卷展栏参数，如图 5.107 所示。

④设置"图像采样器"卷展栏的参数，如图 5.108 所示。

图 5.107　设置"灯光缓存"参数

图 5.108　设置"图像采样器"参数

⑤其他参数都和测试出图时的一样，不需要重复设置，这样渲染出图阶段的参数设置完毕，最后对场景进行渲染，渲染效果如图 5.109 所示。

图 5.109   最终效果图

思考与练习

1. 如何整体把握会议室的灯光效果?
2. 如何制作窗帘材质效果?

第6章
客厅效果图的制作

本章知识点：

- 基本模型的创建方法。
- 摄像机视图的建立。
- V-Ray 材质的设置。
- 灯光的分析、布置和渲染参数的设置。

学习目标：

- 理解基本建模的创建方法。
- 熟练掌握摄像机的应用。
- 掌握 V-Ray 材质的设置、V-Ray 灯光和 V-Ray 阳光的应用。
- 熟悉 3ds Max 和 V-Ray 室内效果图表现的基本操作流程。

6.1 客厅效果图模型部分的制作

6.1.1 建模前的准备工作

打开 3ds Max 软件，先将软件设置一下，这样能更方便地进入下一步工作。

① 设置 3ds Max 默认的尺寸单位，单击"自定义"卷展栏中的"单位设置"命令。进入设置面板，由于建筑行业通常使用毫米（mm）为单位，所以将"显示单位比例"选项更改为"毫米"，如图 6.1 所示。

② 单击"系统单位设置"按钮，将"系统单位比例"设置为"1 毫米"，如图 6.2 所示。

③ 在工具栏中将"捕捉开关"改为"2.5 维捕捉" 2.5，用右键单击"2.5 维捕捉"按钮 2.5，打开"栅格与捕捉设置"面板，将"顶点"开启，如图 6.3 所示。

④ 单位设置完之后，将户型平面图导入到 3ds Max 软件环境中。单击"文件"菜单中的"导入"命令，如图 6.4 所示。

⑤ 进入"选择要导入的文件"面板中，将文件类型改为"AutoCAD 图形"，如图 6.5 所示。

图 6.1　单位设置

图 6.2　设置系统单位比例

图 6.3　栅格与捕捉设置

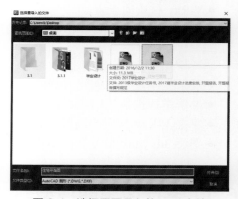

图 6.4　选择需要导入的 cad 文件

⑥　单击 打开(O) 按钮，在弹出的面板中无需做任何设置，直接按 确定 按钮将文件导入，如图 6.6、图 6.7 所示。

图 6.5　更改文件类型

图 6.6　弹出的导入对话框

⑦ 由于界面栅格会影响观看视图的清晰度，可以按 G 键将栅格隐藏，栅格隐藏后的效果如图 6.8 所示。

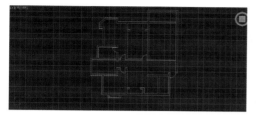

图 6.7　导入后的 Auto CAD 图

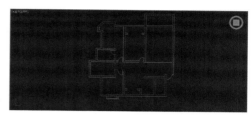

图 6.8　栅格隐藏后的效果

6.1.2　制作墙体

dwg 文件（即 Auto CAD 文件）导入后就可以建模了。建立墙体的方法有很多种，例如使用长方体堆砌建模就可以制作出墙体，但这种方法在制作中比较烦琐，下面介绍一种比较快捷方便的建模方法。

① 在"创建"命令面板单击"图形"按钮 ，再单击"线"按钮和"2.5 维捕捉"按钮，利用端点捕捉功能，在顶视图中顺墙体内侧捕捉。在弹出的"是否闭合样条线"对话框中单击"是"。如图 6.9、图 6.10 所示。

注意：在进行内墙捕捉时要将窗体及门洞的节点同时进行捕捉，以便后期制作窗口。

② 单击图标 进入"修改"命令面板，在修改器列表中选择"挤出"命令，并设置"挤出数量"为"2800mm"，如图 6.11、图 6.12 所示。

图 6.9　样条线按钮

③ 挤出效果如图 6.13、图 6.14 所示。

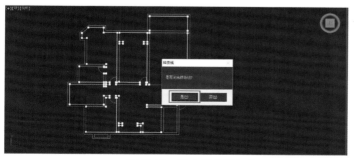

图 6.10　闭合后的样条线

图 6.11　添加"挤出"命令

环境艺术创新设计技法——计算机辅助设计

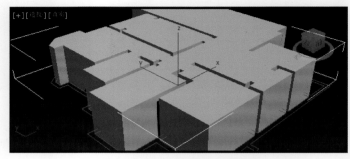

图6.12 设置"挤出"数量　　　　图6.13 "挤出"效果透视图

④ 进入"编辑多边形"修改器，选择"多边形"修改层级，在透视图中选中所有的面并对其执行"翻转"命令，如图6.15所示。

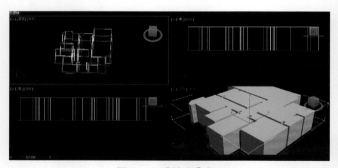

图6.14 "挤出"效果　　　　图6.15 "编辑多边形"修改器

⑤ 为了更好地观察房屋内部结构，同时为下一步开窗洞作准备，在透视图中按F3键，让视图以线框的模式进行显示，如图6.16所示。

⑥ 接下来需要对房体进行开窗洞，因为本节主要介绍客厅部分的制作，因此本例只对客厅的窗洞进行处理。单击鼠标右键，选择"转换为可编辑多边形"，在"修改"命令面板上选择"边"。如图6.17、图6.18所示。

⑦ 窗体的制作，先连接两条纵向的线，如图6.19所示。

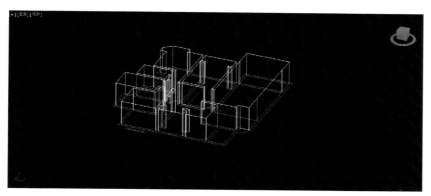

图 6.16　以线框显示的视图

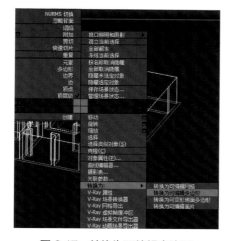

图 6.17　转换为可编辑多边形

图 6.18　选择边层级

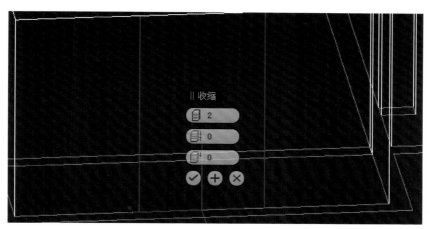

图 6.19　连接两条纵线

环境艺术创新设计技法——计算机辅助设计

⑧ 分别调整每条线离墙体的距离，这里我们设置离墙体的距离为"600mm"，开启捕捉"2.5维"捕捉到一侧边线，然后变换输入"600mm"。如图6.20所示。

⑨ 连接两条横向边线，分别调整下边线高度为"900mm"，上边线高度为"2400mm"如图6.21所示。

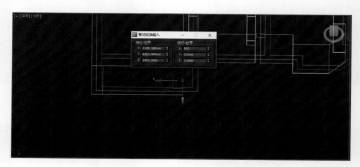

图6.20 "变换输入"调整线

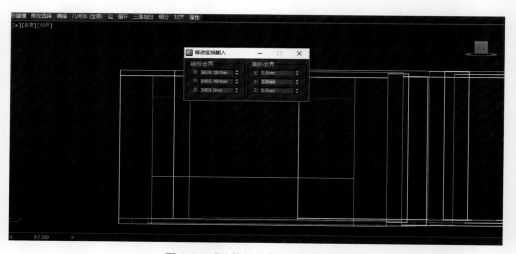

图6.21 "变换输入"调整横向窗线

⑩ 在"编辑多边形"中选择"多边形"层级，选择窗体的面，单击下拉菜单中的 挤出 命令，在弹出的对话框中输入挤出高度为"-240"，完成后单击"确定"按钮，如图6.22所示。由于窗子是个镂空的结构，所以要将挤出的面删除。

⑪ 制作客厅梁体部分，单击"创建"按钮 进入"图形"面板选择"线"，单击"2.5维捕捉"按钮 2.5 ，利用端点捕捉功能在顶视图中绘制梁体。进入"修改"命令面板选择"挤出"，设置挤出高度为"400mm"，将挤出后的梁体移动到房间顶层。如图6.23所示。

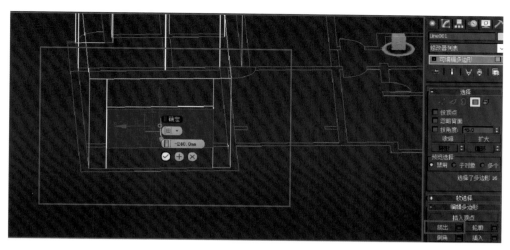

图 6.22　挤出窗洞

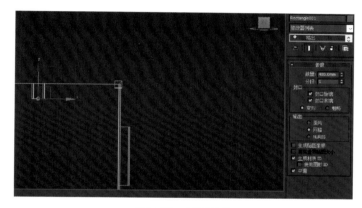

图 6.23　绘制梁体

⑫ 到此为止客厅部分的墙体已经创建完成，选择透视图，按 F3 恢复透视图显示，滚动鼠标中间便可看到建立的室内墙体部分，如图 6.24 所示。

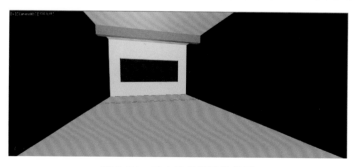

图 6.24　室内墙体部分的效果

6.1.3 建立摄像机视图

墙体模型创建完之后，可以先将"摄像机"选项设置好，这样就可以比较直观地观察视图。

① 在"创建"面板中单击"摄像机"图标 ，在 对象类型 卷展栏中选择 目标 按钮，在顶视图中创建一架目标摄像机，如图 6.25 所示。

② 在透视图中按下快捷键 C，将视图转换为摄像机视图，如图 6.26 所示。

③ 默认的摄像机是紧贴地面的，因此需要在前视图将摄像机调得高一些，距离地面约 1200mm，并在顶视图中将摄像机往后移，如图 6.27 所示。

④ 选择摄像机，进入"修改"面板中对相关参数进行修改，将镜头选项中的参数改为"14mm"，如图 6.28 所示。

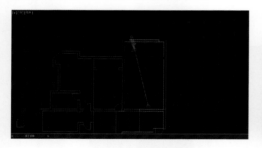

图 6.25　目标摄像机的建立

图 6.26　摄像机视图

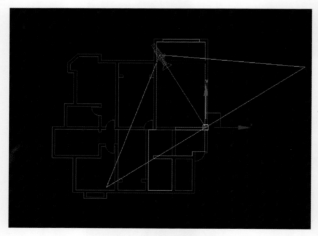

图 6.27　调整后的摄像机位置

图 6.28　调整后的镜头参数

⑤ 观察一下摄像机视图，14mm 的广角效果基本上达到了画面的要求，完成后的效果如图 6.29 所示。

6.1.4 制作吊顶

下面开始制作房内的吊顶部分。吊顶制作起来没有沙发、椅子等家具那么复杂，可以根据自己掌握软件的程度循序渐进地进行操作。

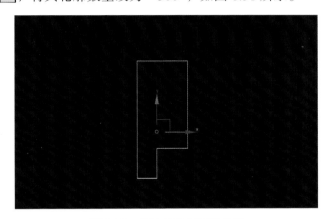

图 6.29 调整后的摄像机视图

① 开始建模之前视图上有些乱，可按快捷键 Shift+C 将调整好角度后的摄像机进行隐藏。

② 制作吊顶部分。进入"创建"命令面板，并单击"图形"选项中的 **线** 按钮，利用端点捕捉功能在顶视图绘制一个吊顶的形状，为方便操作可将其孤立编辑，使用快捷键 Alt+Q，如图 6.30 所示。

③ 将此模型改名为吊顶，进入"编辑样条线"命令面板，选择样条线级别 ⟋，将其轮廓数量改为"500"，如图 6.31 所示。

图 6.30 孤立后的吊顶样条线　　　　　图 6.31 轮廓设置

④ 进入"修改器列表"，执行"挤出"命令，将数量改为"80mm"，如图 6.32 所示。

⑤ 修改吊顶部分如图 6.33 所示，挤出 80mm。

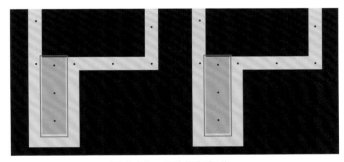

图 6.32 添加挤出命令　　　　　图 6.33 修改吊顶部分

⑥ 制作完成后的吊顶如图 6.34 所示。

⑦ 调整吊顶的位置，离顶为 400mm，如图 6.35 所示。

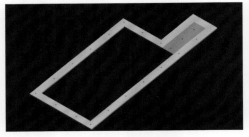

图 6.34　制作完成后的吊顶

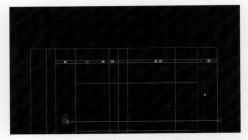

图 6.35　调整吊顶位置

6.1.5　底板部分的制作

① 首先选择地面将其孤立显示，如图 6.36 所示。

② 打开"创建"卷展栏，单击 ▊矩形▊ 打开捕捉"2.5 维"捕捉底板边线，然后转换为"可编辑样条线"并单击 ∧ 添加轮廓命令，然后再复制一个轮廓，单击 ▦ 偏移屏幕 80%，调整位置 Z 轴变换输入"0.1mm"。如图 6.37 所示。

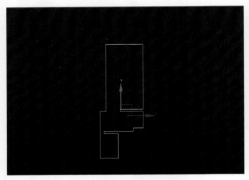

图 6.36　孤立显示地面

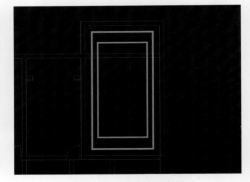

图 6.37　创建地板装饰

6.1.6　制作阳台部件及外景贴图

本例选择的阳台部分比较大，可以把阳台抬高作为一个休闲室，让室内更有层次感。

① 选择"捕捉 2.5 维"捕捉阳台部分，将其挤出 200mm，如图 6.38 所示。

② 制作外景贴图部分。单击"创建"命令面板中的"图形"按钮 ▣，单击 ▊弧▊ 按钮，在顶视图绘制如图 6.39 所示的弧线。

③ 把所创建的弧形转换为"可编辑样条线"，将其轮廓数量设置为"5"，挤出高度设置为"3000mm"，如图 6.40 所示。

④ 制作完成后的场景如图 6.41 所示。

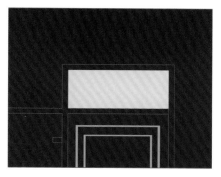

图 6.38　抬高阳台部分

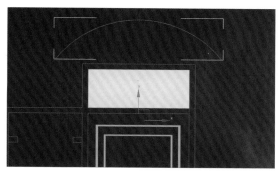

图 6.39　绘制弧线

图 6.40　设置弧线轮廓并添加挤出命令

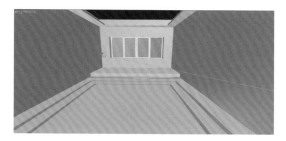

图 6.41　制作完成后的场景

6.1.7　导入模型部分

　　如果房间内的每一件模型（如家具、家电、小装饰品等）都需要自己制作的话，那将是一个巨大的负担。为了节约时间并减轻负担，可以将这类物品模型从外部环境导入到当前场景中，在网络上有许多免费的模型可以免费下载，为制作效果图提供了很大的方便。

　　① 执行"文件"卷展栏中的"合并"命令，如图 6.42 所示。

　　② 先将沙发、茶几、地毯等物件导入到场景中。注意在导入物体的时候需要将灯光、摄像机、辅助对象取消（即勾掉），如图 6.43 所示。

　　③ 将导入的沙发、茶几等物件移动到如图 6.44 所示的位置。注意沙发的位置要和电视相对应。

　　④ 将电视机、电视柜、音响、小饰品等物品导入到场景中，并将其安放到合适的位置。

图 6.42　合并命令　　　　　图 6.43　"合并"对话框

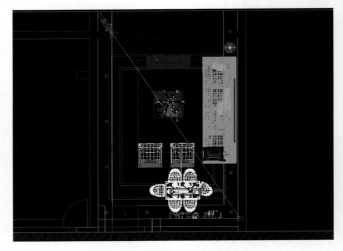

图 6.44　将物体放置到相应位置

⑤ 家具、家电、饰品等物件已经合并完毕，其他物品可以根据个人喜好进行放置，使画面协调，此处放置的位置仅供参考，如图 6.45 所示。

图 6.45　导入其他模型后完整的效果

6.2 客厅效果图材质的制作与分配

由于场景中的物体比较多而且篇幅有限，下面介绍一些常用材质的制作方法，学习者依此可以举一反三。另外有些模型在合并的时候已经自身带材质，可以一一进行制作。

6.2.1 乳胶漆材质的制作

① 吊顶为一种简单的材质，在大多数场景中都会用到。单击材质编辑器按钮 ，选择一个空白的材质球，将其材质转化为 V-Ray 材质，并将其更名为"吊顶"。如图 6.46 所示。

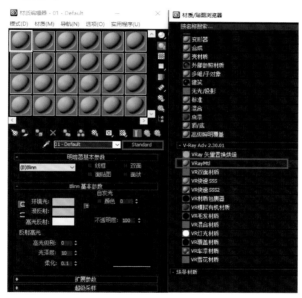

图 6.46 转化为 V-Ray 材质

② 将漫反射调到如图 6.47 所示的参数。

③ 设置吊顶的反射值为"8"，高光光泽度为"0.45"，如图 6.48 所示。

④ 取消（即勾掉）选择"选项"中的"跟踪反射"，如图 6.49 所示。

⑤ 观察完成后的吊顶材质，如图 6.50 所示。

⑥ 将调好的材质赋予相应的物体。

6.2.2 墙面材质的制作

① 制作墙面材质，将其转换为 V-Ray 材质，漫反射加衰减并添加贴图，如图 6.51 所示。

环境艺术创新设计技法——计算机辅助设计

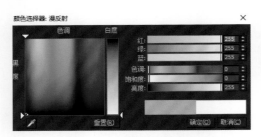

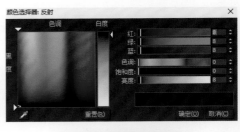

图 6.47　调整漫反射参数

图 6.48　反射参数的调整

图 6.49　取消（即勾掉）"跟踪反射"

图 6.50　观察材质球

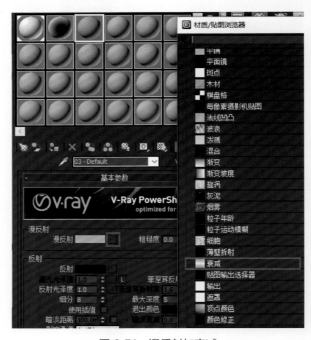

图 6.51　漫反射加衰减

② 衰减参数调整，黑色部分加墙衣贴图，白色部分参数改为"80"，把黑色部分的贴图实例复制一个过来，衰减类型改为"Fresnel"。如图 6.52 所示。

③ 反射参数改为"8"，如图 6.53 所示。

图 6.52　修改衰减参数

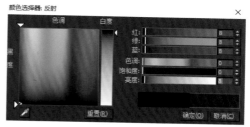

图 6.53　修改"反射光泽度"参数

④ 高光光泽度改为"0.45"，把"跟踪反射"取消（即勾掉）。如图 6.54、图 6.55 所示。

图 6.54　调整高光光泽度参数

图 6.55　把跟踪反射取消（即勾掉）

⑤ 贴图添加凹凸，把漫反射中的贴图复制一个到凹凸，参数改为"30"，如图 6.56 所示。

⑥ 观察完成后的材质球，并将其赋予相应的物体，如图 6.57 所示。

图 6.56　修改凹凸参数

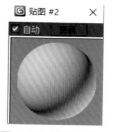

图 6.57　观察材质球

6.2.3　沙发布的制作

① 选择一个空白材质球，将其转化为 V-Ray 材质。在漫反射后加"衰减"并调整衰减参数。"衰减"黑色后加沙发布贴图，"衰减类型"改为"Fresnel"。如图 6.58、图 6.59 所示。

② 调整反射参数为"8"，如图 6.60 所示。

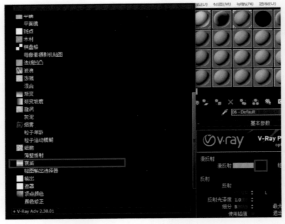

图6.58　漫反射后加衰减

图6.59　修改"衰减"参数

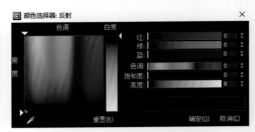

图6.60　调整"反射"参数

③ 调整"高光光泽度"把选项下的"跟踪反射"取消（即勾掉），如图6.61、图6.62所示。

图6.61　调整高光光泽度参数

图6.62　把"跟踪反射"取消（即勾掉）

④ 贴图下加凹凸，把漫反射下的贴图复制一个过来，参数改为"15"，如图6.63所示。

⑤ 观察材质球，并将其赋予相应的物体，如图6.64所示。

6.2.4　木材质的制作

① 选择一种空白材质球，将其转化为 V-Ray 材质。漫反射加木材贴图，如图6.65所示。

② "反射"后加"衰减"并修改"衰减"参数，如图6.66、图6.67所示。

③ 修改"高光光泽度"和"反射光泽度"，如图6.68所示。

图 6.63　修改"凹凸"参数

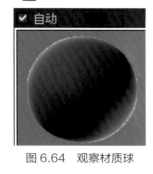

图 6.64　观察材质球

图 6.65　漫反射添加木材贴图

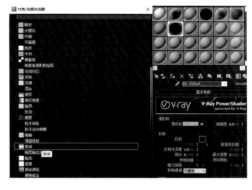

图 6.66　"反射"后加衰减

图 6.67　修改"衰减"参数

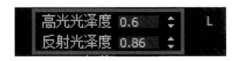

图 6.68　修改"高光光泽度"和"反射光泽度"

④ 在"贴图"选项下复制一个"漫反射"里的贴图到凹凸，并修改"凹凸"值为"15"，如图 6.69 所示。

⑤ 观察材质，并将其赋予相应的物体，如图 6.70 所示。

6.2.5　大理石材质制作

① 选择一个空白材质球，将其转化为 V-Ray 材质。漫反射加上大理石贴图，如图 6.71 所示。

② 反射加衰减，白色部分改为浅蓝，反射类型改为"Fresnel（菲涅尔）"，如图 6.72、图 6.73 所示。

环境艺术创新设计技法——计算机辅助设计

图 6.69　添加凹凸并修改参数　　　　　图 6.70　制作完成的材质

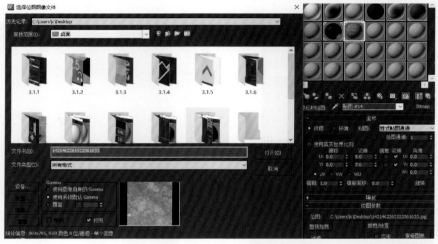

图 6.71　"漫反射"加贴图

图 6.72　反射加衰减

③ "反射光泽度" 修改参数为 "0.95", 如图 6.74 所示。

④ 观察制作好的材质球, 并将其赋予相应的物体, 如图 6.75 所示。

图 6.73 调整"衰减"参数

图 6.75 观察材质球

图 6.74 调整"反射光泽度"参数

6.2.6 灯罩材质的制作

① 选择空白材质球, 将其转化为 V-Ray 材质, 调整漫反射参数, 如图 6.76 所示。

② 调整折射参数, 如图 6.77 所示。

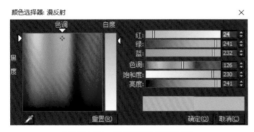

图 6.76 调整漫反射参数

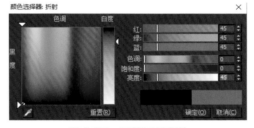

图 6.77 调整折射参数

③ 调整 "折射光泽度" "折射率" "影响阴影" "影响通道" 的参数, 如图 6.78 所示。

④ 观察材质球, 并将其赋予相应的物体, 如图 6.79 所示。

图 6.78 调整参数

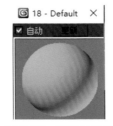

图 6.79 观察材质球

6.3 客厅的灯光分布与渲染

6.3.1 添加场景主光源

① 单击"创建" 按钮进入"灯光"面板，选择 V-Ray 灯光，创建一盏片光源模拟室外灯光。摆放位置如图 6.80 所示。

② 调整"V-Ray"灯光的参数，如图 6.81 所示。

③ 制作暗藏灯带效果，选择 V-Ray 面光源进行制作，在顶视图中制作四盏 V-Ray 面光源。摆放位置、照射方向如图 6.82 所示。

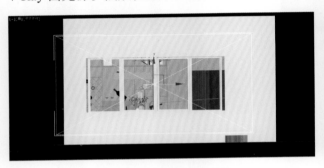

图 6.80　创建 V-Ray 片光

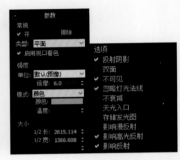

图 6.81　调整 V-Ray 灯光的参数

④ 调整灯光参数，如图 6.83 所示。

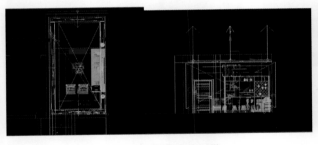

图 6.82　创建暗藏灯带

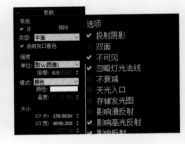

图 6.83　调整灯光参数

⑤ 制作射灯，在侧视图中创建"光度学"中的目标灯光，调整其在顶视图中位置，摆放位置如图 6.84 所示。

⑥ 调整光度学灯光的参数，选用"光度学"Web 的灯光分布类型，如图 6.85 所示。

⑦ 添加光域网文件，调整灯光强度，如图 6.86 所示。

⑧ 酒柜灯光制作。首先在顶视图中创建一盏 V-Ray 面光，调整其位置，如图 6.87 所示。

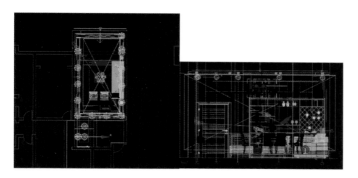
图 6.84　创建光度学目标灯光

图 6.85　选择光度学 Web

图 6.86　添加光域网文件，调整灯光强度

⑨ 修改灯光参数，如图 6.88 所示。

图 6.87　调整 V-Ray 面光位置

图 6.88　修改灯光参数

6.3.2　渲染测试阶段

① 调整测试阶段的参数。按 F10 键进入 V-Ray "渲染"，调整渲染图片大小，如图 6.89 所示。

② 设置"帧缓冲区"参数，如图 6.90 所示。

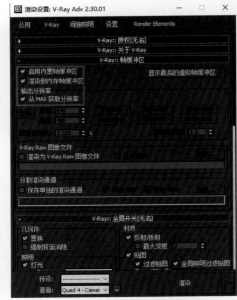

图 6.89 "公用参数"卷展栏的设置　　　图 6.90 设置"帧缓冲区"参数

③ 设置"图像采样器"参数，如图 6.91 所示。

④ 激活"间接照明"开光，调整"发光图"参数，如图 6.92 所示。

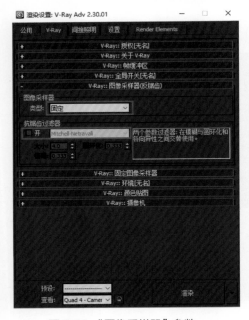

图 6.91 "图像采样器"参数　　　图 6.92 调整"间接照明""发光图"参数

⑤ 调整"灯光缓存"卷展栏参数，如图 6.93 所示。

⑥ 调整"V-Ray"系统参数，如图 6.94 所示。

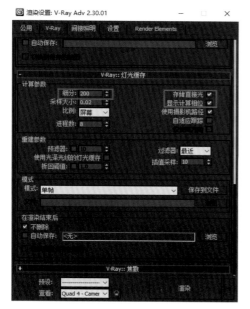

图 6.93 "灯光缓存"参数　　　　图 6.94 调整"V-Ray"系统参数

⑦ 渲染测试阶段的参数已经设置完毕，然后对场景进行测试渲染后不断调节灯光参数，直至合适效果。渲染测试最终效果如图 6.95 所示。

图 6.95 测试效果图

6.3.3 客厅渲染出图阶段

① 按 F10 进入 V-Ray 渲染器面板，调整出图大小，如图 6.96 所示。

② 设置"发光贴图"卷展栏参数，如图 6.97 所示。

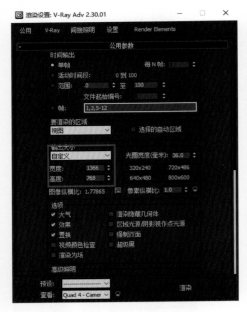

图 6.96　调整出图大小

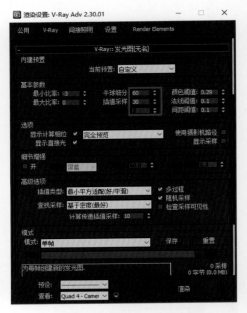

图 6.97　设置"发光贴图"参数

③ 设置"灯光缓存"卷展栏参数，如图 6.98 所示。

④ 设置"图像采样器"卷展栏参数，如图 6.99 所示。

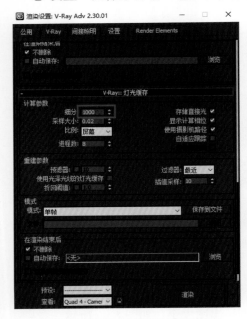

图 6.98　设置"灯光缓存"参数

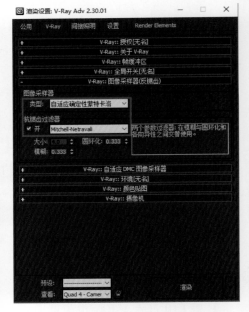

图 6.99　设置"图像采样器"参数

⑤ 其他参数和测试出图时的一样，不需要重复设置，这样渲染出图阶段的参数设置完毕，最后对场景进行渲染，渲染效果如图 6.100 所示。

图 6.100　最终效果图

思考与练习

1. 如何理解衰减贴图的应用?
2. 如何建立摄像机视图才能更有利于场景的表现?

第 7 章
酒店大堂效果图的制作

本章知识点:

- 酒店大堂材质的制作。
- 灯光的分析、布置及参数的调节。
- 渲染参数的设置。

学习目标:

- 理解并调节不同材质的参数设置。
- 能为不同场景营造不同的光效。
- 能分析场景光源并进行灯光设置。
- 能熟练地调节渲染参数。

7.1 酒店大堂效果图模型部分制作

酒店大堂模型和摄像机视图创建完成后的效果图如图 7.1 所示。

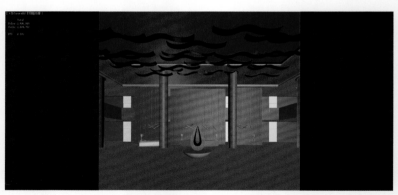

图 7.1　完成后的模型

7.1.1 乳胶漆材质的制作与分配

① 单击 "材质编辑器" 按钮，选择一个空白材质球，将其转换成 V-Ray

材质，并更名为"白乳胶"。如图 7.2 所示。

图 7.2　将标准材质转化为 V-Ray 材质

② 将漫反射的参数值调整为如图 7.3 所示的数值。

③ 调节乳胶漆的反射参数，如图 7.4 所示。

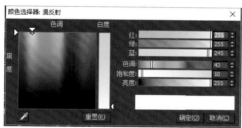

图 7.3　漫反射颜色的调节

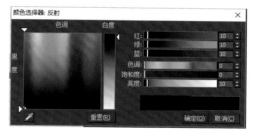

图 7.4　调节反射参数（一）

④ 观察调好的乳胶漆材质，并将其赋予吊顶与一二层隔板，如图 7.5 所示。

7.1.2　玻璃材质的制作与分配

① 制作玻璃材质，同样将其转换为 V-Ray 材质，在这个场景中大部分选择 V-Ray 材质，将其更名为"玻璃"。单击"漫反射"按钮，为其添加板材材质贴图，调节其漫反射颜色，如图 7.6 所示。

② 在"反射"通道中添加"衰减"，调整反射值并更改"衰减类型"，如图 7.7 所示。

图 7.5　完成后的乳胶漆材质

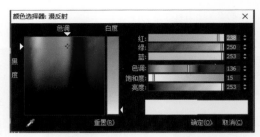

图 7.6　调节漫反射颜色

图 7.7　添加"衰减"贴图并更改"衰减类型"

③ 将折射颜色设为白色，调整"折射率"及"烟雾颜色"，如图 7.8 所示。

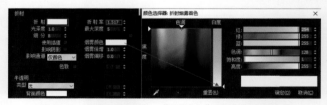

图 7.8　调节折射颜色、"折射率"及"烟雾颜色"

图 7.9　完成玻璃材质的制作

④ 观察材质球，并将其赋予栏杆面，如图 7.9 所示。

7.1.3　地砖材质的制作与分配

① 选择一个材质球，将其转换为 V-Ray 材质并更名为"地砖"。单击"漫反射"按钮，为其添加地砖材质贴图，如图 7.10 所示。

② 调整反射参数，如图 7.11 所示。

③ 观察材质球，并将其赋予地面，如图 7.12 所示。

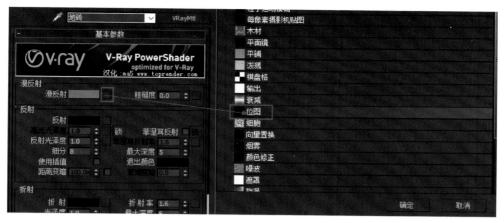

图 7.10　在漫反射通道中添加地砖材质贴图

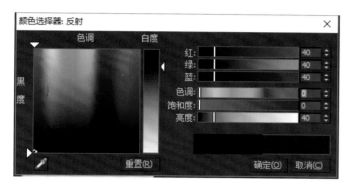

图 7.11　调整反射参数（二）

图 7.12　完成地砖材质的制作

④ 修改地面的贴图坐标，在"UVW 贴图中"中调整参数，如图 7.13 所示。

7.1.4　大理石的制作与分配

① 选择一个材质球，将其转换为 V-Ray 材质并更名为"大理石"。单击"漫反射"按钮，为其添加地砖材质贴图，如图 7.14 所示。

② 调整反射参数，如图 7.15 所示。

③ 观察材质球，并将其赋予柱子及服务台。如图 7.16 所示。

④ 修改地面的贴图坐标，在"UVW 贴图"中调整参数，如图 7.17 所示。

图 7.13　修改地面的
"UVW 贴图"坐标（一）

图 7.14　在漫反射通道中添加一张大理石贴图

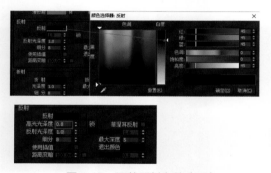

图 7.15　调整反射参数（三）

图 7.16　完成大理石材质的制作

图 7.17　修改地面的"UVW 贴图"坐标（二）

7.1.5　壁纸的制作与分配

壁纸的制作方法较简单，只需在"漫反射"通道中添加一张壁纸贴图即可。

① 选择一个材质球，将其转换为 V-Ray 材质并更名为"背景壁纸"。单击"漫反射"按钮，为其添加壁纸材质贴图，如图 7.18 所示。

② 观察材质球，并将其赋予背景墙底面。如图 7.19 所示。

7.1.6　为材质球添加包裹材质

在物体材质颜色比较丰富的情况下，为防止物体的颜色溢出，需为其添加包裹材质，降低其产生全局照明的强度。

① 选择颜色比较深的材质球，单击"材质类型"后的按钮，选择"V-Ray材质包裹器"，如图 7.20 所示。

图 7.18　在漫反射通道添加一张壁纸贴图

图 7.19　完成壁纸材质制作

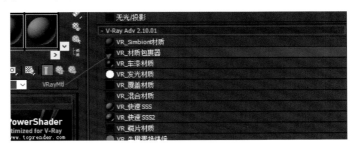

图 7.20　添加"V-Ray 材质包裹器"

② 在弹出的"替换材质"对话框中选中"将旧材质保存为子材质？"单击"确定"按钮，如图 7.21 所示。

③ 将"V-Ray 材质包裹器参数"卷展栏中的"产生全局照明"的强度改为0.6。如图 7.22 所示。

图 7.21　保留旧材质

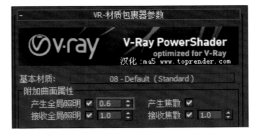

图 7.22　修改 VR 材质包裹器参数

在此处使用的材质并不多，剩余物体的材质，如顶面壁纸、背景墙的柱体大理石材质、地面中心的大理石面与前面介绍的材质制作方法大同小异，只要在

"漫反射贴图"通道中更换一张贴图就可以了,这里不再一一说明。

赋予完材质的场景如图 7.23 所示。

图 7.23　赋予完材质的场景

7.2　酒店大堂的灯光布置及渲染

作为一个酒店的大堂,内部的灯光是很丰富的,这是本章所介绍的重点内容,本章举例制作的大堂灯光大部分都是暖黄色,以体现酒店金碧辉煌的感觉。

7.2.1　添加场景室外光

① 单击"创建"按钮,进入灯光面板,选择 V-Ray 灯光。首先为场景制作一盏 V-Ray 灯光来模拟室外光线,摆放位置如图 7.24 所示。

② 调整灯光的参数,如图 7.25 所示。

图 7.24　添加场景室外光　　　　图 7.25　调整灯光的参数(一)

7.2.2　添加场景内部光源

① 单击"创建"按钮，进入灯光面板中，选择 V-Ray 灯光。在顶视图制作一盏 V-Ray 灯光，将其移动到吊顶稍靠下的位置，摆放位置如图 7.26 所示。

② 调整灯光的参数，如图 7.27 所示。

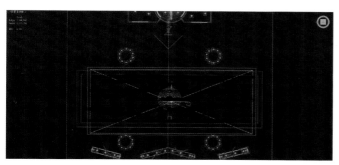

图 7.26　添加面光源

图 7.27　调整灯光的参数（二）

③ 在顶视图再次创建一盏 V-Ray 灯光，摆放位置如图 7.28 所示。

④ 调整灯光的参数，如图 7.29 所示。

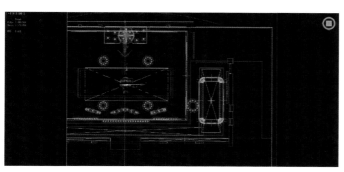

图 7.28　创建一盏 V-Ray 灯光

图 7.29　调整灯光的参数（三）

⑤ 为大厅两侧添加灯光，首先为二层添加灯光。单击"创建"按钮进入灯光面板，选择 V-Ray 灯光。在顶视图创建一盏 V-Ray 灯光，并以实例的方式进行复制，移动位置如图 7.30 所示。

⑥ 调整灯光的参数，如图 7.31 所示。

环境艺术创新设计技法——计算机辅助设计

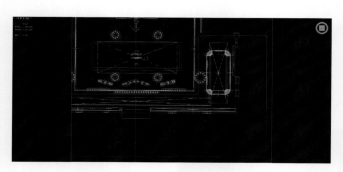

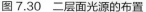

图 7.30　二层面光源的布置　　　　图 7.31　调整灯光的参数（四）

图 7.32　调整
一层灯光参数

⑦ 为场景一层两侧添加灯光，其方法与二层是一样的，调整灯光参数，如图 7.32 所示。

⑧ 移动灯光，调整到合适的位置，如图 7.33 所示。

⑨ 创建背景墙上的灯光，单击"创建"按钮，进入灯光面板，在"对象类型"卷展栏中选择"自由灯光"，如图 7.34 所示。

⑩ 调整灯光的位置，如图 7.35 所示。

⑪ 调整灯光的参数，如图 7.36 所示。

⑫ 对灯光进行关联复制，并调整其位置，如图 7.37 所示。

⑬ 制作酒柜内的射灯效果。创建一盏自由灯光，将"灯光分布（类型）"更改为"光度 Web"，如图 7.38 所示。

⑭ 为灯光添加光域网文件，如图 7.39 所示。

⑮ 调整灯光参数，如图 7.40 所示。

⑯ 对灯光进行关联复制，调整灯光的位置，如图 7.41 所示。

⑰ 制作背景墙上方射灯的效果，单击"创建"按钮进入灯光面板，选择"目标灯光"。在前视图制作一盏目标灯光，并调整其参数，如图 7.42 所示。

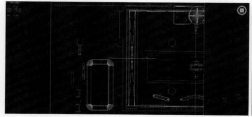
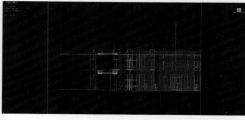

图 7.33　移动灯光到合适位置

图 7.34　选择"自由灯光"

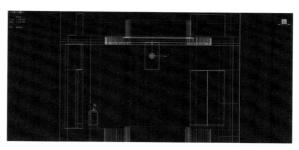

图 7.35　调整后的灯光位置

图 7.36　调整灯光的参数（五）

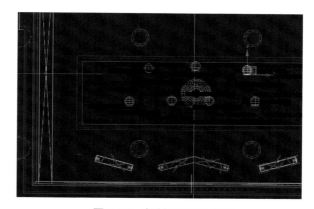

图 7.37　复制后的灯光位置

图 7.38　修改"灯光分布"类型

图 7.39　添加光域网文件

图 7.40　调整灯光的参数（六）

⑱ 为灯光添加光域网文件，如图 7.43 所示。

⑲ 调整灯光的参数，如图 7.44 所示。

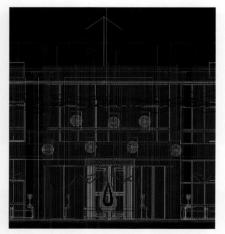

图 7.41　关联复制后的灯光位置（一）

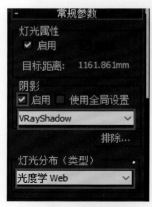

图 7.42　参数设置

图 7.43　添加光域网文件

图 7.44　调整灯光的参数（七）

⑳ 对灯光进行关联复制，并调整其位置，如图 7.45 所示。

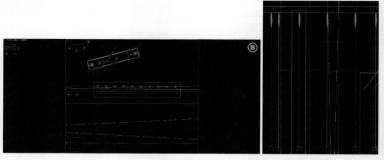

图 7.45　关联复制后的灯光位置（二）

㉑ 场景灯光的布置已经基本制作完成，效果如图 7.46 所示。

㉒ 为场景添加灯带效果。此处制作灯带的方法与前几章所介绍的方法相似，中间吊顶的形状是方形。制作一个与吊顶形式一样的二维线型，对其赋予灯光材质。这种方法比较简便，可以增加渲图的速度。以此吊顶为例，首先创建一个与

中间吊顶同样大的矩形放入灯槽内，调整参数值如图 7.47 所示。

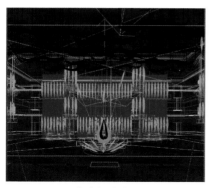

图 7.46　完成灯光布置后的效果

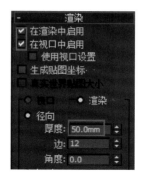

图 7.47　参数设置

㉓ 为其添加灯光材质，如图 7.48 所示。

图 7.48　将标准材质转化为灯光材质

㉔ 调整灯光材质的参数，如图 7.49 所示。

图 7.49　调整灯光材质的参数

㉕ 其余两个方体内的灯带制作效果是一样的。完成后的效果如图 7.50 所示。

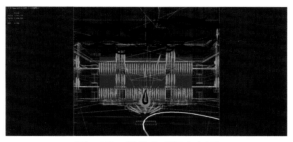

图 7.50　最终完成灯光布置

7.2.3 渲染测试阶段

① 调整测试阶段的参数，按 F10 键进入 V-Ray 渲染面板。调节渲染图片的大小，如图 7.51 所示。

② 激活"间接照明"，设置参数值如图 7.52 所示。

图 7.51 "输出大小"的设置（一）

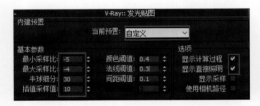

图 7.52 "间接照明"卷展栏的设置

③ 设置"发光贴图"卷展栏中的参数，如图 7.53 所示。

④ 设置"灯光缓存"卷展栏中的参数，如图 7.54 所示。

图 7.53 "发光贴图"卷展栏的设置（一）　　图 7.54 "灯光缓存"卷展栏的设置（一）

⑤ 设置"全局开关"卷展栏中的参数，取消对"默认灯光"复选框的选择，设置参数值如图 7.55 所示。

⑥ 设置"图像采样器（抗锯齿）"卷展栏中的参数，如图 7.56 所示。

图 7.55 "全局开关"卷展栏的设置

图 7.56 "图像采样器（抗锯齿）"卷展栏的设置（一）

⑦ 设置"环境"卷展栏中的参数，如图 7.57 所示。

⑧ 设置"颜色映射"卷展栏中的参数，如图 7.58 所示。

图 7.57 "环境"卷展栏的设置

图 7.58 "颜色映射"卷展栏的设置

⑨ 渲染测试阶段的参数已经设置完毕，效果如图 7.59 所示。

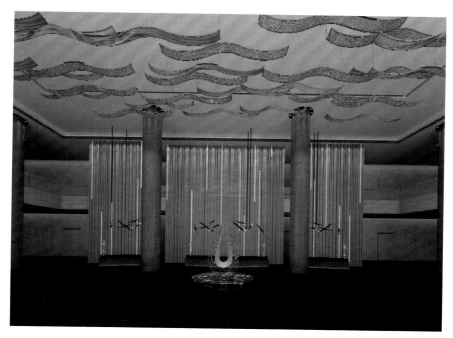

图 7.59 渲染测试效果图

7.2.4 渲染出图阶段

① 按 F10 键进入 V-Ray 渲染面板。调节渲染图片的大小，如图 7.60 所示。
② 设置"发光贴图"卷展栏参数，如图 7.61 所示。
③ 设置"灯光缓存"卷展栏中的参数，如图 7.62 所示。
④ 设置"图像采样器（抗锯齿）"卷展栏中的参数，如图 7.63 所示。
⑤ 渲染出图阶段的参数已经设置完毕，有些参数与测试阶段的渲染参数是相同的，在此不再重复说明。然后对场景进行渲染，渲染效果如图 7.64 ~ 图 7.68 所示。

环境艺术创新设计技法——计算机辅助设计

图 7.60 "输出大小"的设置（二）

图 7.61 "发光贴图"卷展栏的设置（二）

图 7.62 "灯光缓存"卷展栏的设置（二） 图 7.63 "图像采样器（抗锯齿）"卷展栏的设置（二）

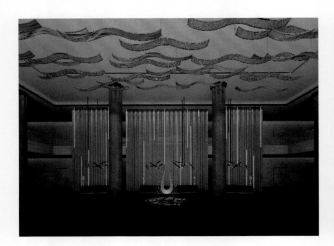

图 7.64 最终效果图

图 7.65 服务台及背景墙效果

图 7.66 吊顶效果

图 7.67　柱子及栏杆效果

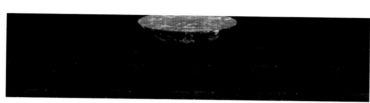

图 7.68　地面效果

思考与练习

1. 如何在场景中设置 V-Ray 包裹材质？
2. 如何营造酒店大堂的空间氛围？

第8章

某酒吧门头效果图的制作

8.1　酒吧门头效果图材质的制作与分配

在酒吧门头效果图的制作中，其墙体等模型的制作及导入和摄像机视图的建立与前几章的步骤方法都基本相似，在这里就不再用大量篇幅讲解。如图 8.1 所示为酒吧门头模型建立完成后的效果，下面直接介绍酒吧门头材质的制作。

图 8.1　门头模型

8.1.1 乳胶漆材质的制作

乳胶漆是一种较为简单的材质，在大多数的场景中都会用到。

① 单击"材质编辑器"按钮，选择一个空白材质球，将其转换为 V-Ray 材质，并更名为"白乳胶"。如图 8.2 所示。

将漫反射的参数调整为如图 8.3 所示的数值。

图 8.2 将标准材质转换为 V-Ray 材质

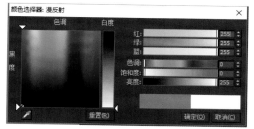

图 8.3 调整漫反射参数

② 修改乳胶漆反射参数，如图 8.4 所示。

③ 取消（即勾掉）"选项"卷展栏中对"跟踪反射"复选框的选择，如图 8.5 所示。

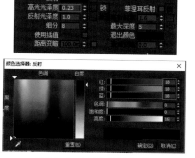

图 8.4 修改反射参数

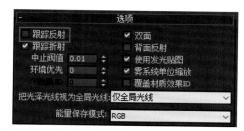

图 8.5 取消（即勾掉）对"跟踪反射"的选择

④ 完成设置后的乳胶漆材质，如图 8.6 所示。

8.1.2 地砖材质的制作

① 制作地砖材质，同样将其转换为 V-Ray 材质，并更名为"地板"。单击"漫反射"按钮，为其添加地砖材质贴图。如图 8.7 所示。

② 在"反射"通道中添加"衰减"，并将"衰减类型"改为 Fresnel，如图 8.8、图 8.9 所示。

图 8.6　完成乳胶漆材质的制作

图 8.7　在漫反射通道中添加地砖贴图

图 8.8　添加"衰减"贴图

③ 将反射参数调整为如图 8.10 所示的数值。

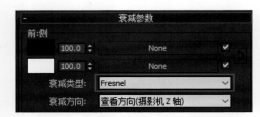

图 8.9　修改"衰减类型"

图 8.10　调节反射参数

④ 观察材质球，并将其赋予地面，如图 8.11 所示。

⑤ 更改地砖"UVW 贴图"坐标，如图 8.12 所示。

图 8.11　完成地砖材质的制作

图 8.12　更改地砖"UVW 贴图"坐标

8.1.3 金属材质的制作

① 将漫反射颜色调整为黑色，如图 8.13 所示。

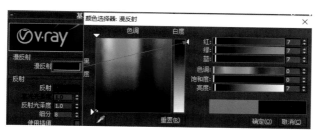

图 8.13 调节漫反射的颜色

② 将反射参数调整为如图 8.14、图 8.15 所示的数值。

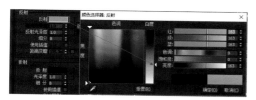

图 8.14 调节反射颜色

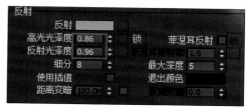

图 8.15 调节"高光光泽度"和"反射光泽度"

③ 更改反射类型，并调整其参数，如图 8.16 所示。

④ 完成金属材质球的制作，如图 8.17 所示。

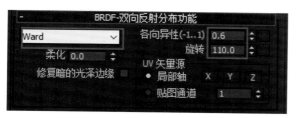

图 8.16 更改反射类型，并调整其参数

图 8.17 完成金属材质的制作

8.2 酒吧门头的灯光布置及渲染

8.2.1 添加场景光源

在场景中进行灯光布置的时候首先要弄清楚场景中能产生的光源有哪些、

环境艺术创新设计技法——计算机辅助设计

光源的位置。窗口光源是场景光源的一部分，需要添加一个 V-Ray 面光源以及辅助灯的辅助光源，包括吊灯和射灯。

分析完成后，首先要在窗口位置添加 V-Ray 面光源。

① 在"创建"命令面板中单击"灯光"按钮进入灯光面板，选择 V-Ray 灯光，在前视图窗口位置添加一盏 V-Ray 面光源。如图 8.18 所示。

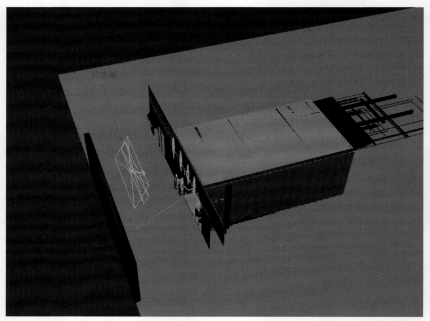

图 8.18　添加 V-Ray 面光源。

② 调整 V-Ray 灯光的参数。如图 8.19、图 8.20 所示。

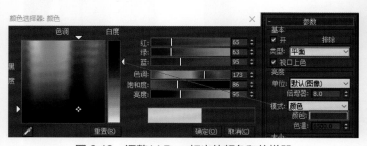

图 8.19　调整 V-Ray 灯光的颜色和倍增器

图 8.20　设置其他选项

③ 在前视图制作一盏目标灯光，采用实例的复制方式在每个筒灯下都复制一盏。如图 8.21 所示。

④ 调整目标灯光的参数，选用"光度学 Web"的灯光分布类型。参数设置如图 8.22 所示。

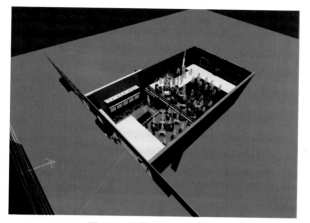

图 8.21　目标灯光的位置

图 8.22　调整目标灯光的参数

⑤ 添加光域网文件，调整灯光强度，如图 8.23 所示。

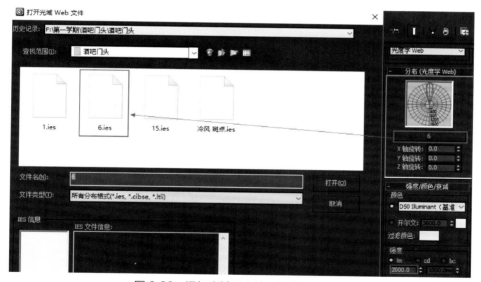

图 8.23　添加光域网文件，调整灯光强度

8.2.2　渲染测试阶段

① 调整测试阶段的参数，按 F10 键进入 V-Ray 渲染面板。调节渲染图片的大小，如图 8.24 所示。

② 激活"间接照明"开关，设置参数如图 8.25 所示。

图 8.24 "输出大小"的设置

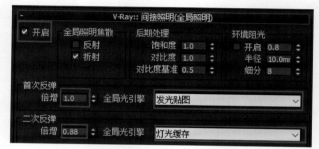

图 8.25 "间接照明"卷展栏的设置

③ 设置"发光贴图"卷展栏的参数，如图 8.26 所示。

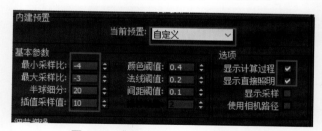

图 8.26 "发光贴图"卷展栏的设置

④ 设置"灯光缓冲"卷展栏的参数，如图 8.27 所示。

图 8.27 "灯光缓冲"卷展栏的设置

⑤ 设置"全局开关"卷展栏中的参数，取消对"缺省灯光"复选框的选择，设置参数值如图 8.28 所示。

⑥ 设置"图像采样器（抗锯齿）"卷展栏中的参数，如图 8.29 所示。

⑦ 设置"颜色映射"卷展栏中的参数，如图 8.30 所示。

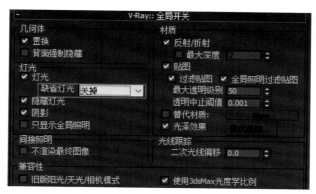

图 8.28 "全局开关"卷展栏的设置

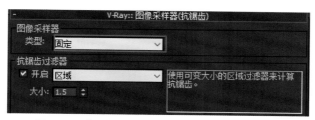

图 8.29 "图像采样器（抗锯齿）"卷展栏的设置

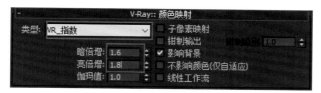

图 8.30 "颜色映射"卷展栏的设置

参数基本设置完成后进行渲染测试。测试渲染图片如图 8.31 所示。

图 8.31 测试渲染图片

8.2.3 最终渲染阶段

① 按 F10 键进入 V-Ray 渲染面板。调节渲染图片的大小，如图 8.32 所示。

图 8.32 "输出大小"的设置

② 设置"发光贴图"卷展栏参数，如图 8.33 所示。

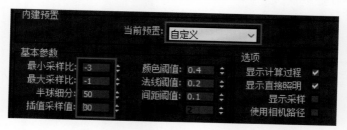

图 8.33 "发光贴图"卷展栏的设置

③ 设置"灯光缓存"卷展栏中的参数，如图 8.34 所示。

图 8.34 "灯光缓存"卷展栏的设置

④ 设置"图像采样器（抗锯齿）"卷展栏中的参数，如图 8.35 所示。

图 8.35 "图像采样器（抗锯齿）"卷展栏的设置

最终渲染效果图如图 8.36、图 8.37 所示。

图 8.36　休息区效果

图 8.37　最终渲染效果

思考与练习

1. 如何整体把握酒吧门头的灯光效果?
2. 如果制作木制装饰物材质效果?

参 考 文 献

［1］ 李强. 3ds+Max 室内效果图表现技法［M］. 南京：南京大学出版社，2011.

［2］ 陈志民. 3ds Max 8 室内效果图表现精彩实例［M］. 北京：机械工业出版社，2006.

［3］ 杨一菲，张海华. 3dsMax/VRay 印象时尚家居效果图制作与表现技法［M］. 北京：人民邮电出版社，2008.

［4］ 贾少政. 渲染巨星 3ds Max+VRay 室内装饰效果图渲染技术详解［M］. 北京：人民邮电出版社，2007.

［5］ 成昊，王诚君. 中文 3ds Max 7 三维设计教程［M］. 北京：科学出版社，2006.

［6］ 边缘创作工作室. 3ds Max 精选案例制作教程［M］. 北京：国防工业出版社，2001.

［7］ 慧维科技工作室. 建筑表现图绘制技术精粹［M］. 北京：中国水利水电出版社，2006.